普通高等教育"十四五"规划教材

采矿工程生产实习

主　编　黄明清

副主编　楼晓明　肖广哲　刘青灵

北　京

冶金工业出版社

2023

内 容 提 要

本书立足于中国工程教育专业认证要求及采矿工程人才培养特征，以金属矿床露天开采、地下开采、虚拟仿真实验为生产实习主线，系统地介绍了采矿工程生产实习意义、实习准备、实习基地、实习内容、安全保障、实习评价等内容，并基于世界级金属矿山露天开采及地下开采现场实习讨论了课程思政要素，为采矿工程生产实习的顺利开展提供了支撑。

本书可作为普通高等学校采矿工程、智能采矿工程、矿物资源工程等专业本科生生产实习的教程，也可供矿业类高校、企事业单位的教学、研究及管理人员参考使用。

图书在版编目(CIP)数据

采矿工程生产实习/黄明清主编；楼晓明，肖广哲，刘青灵副主编.—北京：冶金工业出版社，2023.4

普通高等教育"十四五"规划教材

ISBN 978-7-5024-9457-5

Ⅰ.①采… Ⅱ.①黄… ②楼… ③肖… ④刘… Ⅲ.①矿山开采—生产实习—高等学校—教学参考资料 Ⅳ.①TD8-45

中国国家版本馆 CIP 数据核字(2023)第 052578 号

采矿工程生产实习

出版发行 冶金工业出版社		**电　话**	(010)64027926
地　址 北京市东城区嵩祝院北巷 39 号		**邮　编**	100009
网　址 www.mip1953.com		**电子信箱**	service@ mip1953.com

责任编辑　夏小雪　美术编辑　吕欣童　版式设计　郑小利
责任校对　梁江凤　责任印制　禹　蕊
三河市双峰印刷装订有限公司印刷
2023 年 4 月第 1 版，2023 年 4 月第 1 次印刷
710mm×1000mm　1/16；14 印张；227 千字；212 页
定价 **39.00 元**

投稿电话　(010)64027932　投稿信箱　tougao@cnmip.com.cn
营销中心电话　(010)64044283
冶金工业出版社天猫旗舰店　yjgycbs.tmall.com
(本书如有印装质量问题，本社营销中心负责退换)

前　言

我国90%以上的能源、80%以上的工业原料、70%以上的农业生产资料都来自矿产资源。采矿工程是面向矿产资源开发和利用的综合性强、交叉度高的工程学科，保障了我国矿产资源安全与战略储备的人才供给与智力支持。生产实习是普通高等学校采矿工程、智能采矿工程、矿物资源工程等专业人才培养的重要实践环节，是理论与工程知识结合的重要载体，支撑着中国工程教育专业认证中问题分析、工程与社会、职业规范等毕业要求，亟需配套体系完整、内容科学、适应性强的生产实习教程。

本书系统地梳理了采矿工程生产实习体系。全书共8章。第1章介绍了实习意义、实习内容、实习进度等基本情况；第2章介绍了教学大纲、实习分组、人员职责、实习纪律等准备工作；第3章介绍了紫金山金铜矿露天矿、地下矿及马坑铁矿等实习基地；第4~5章分别介绍了金属矿床露天开采、地下开采现场实习、专题调研、专家讲座、课程思政、思考题等内容；第6章介绍了露天矿、地下矿虚拟仿真实验的仿真系统、实验内容、操作流程等内容；第7章介绍了企业安全文化、安全教育、安全管理等保障措施；第8章从成绩构成、考核要求等角度开展了实习的合理性确认与达成度评价，从而为采矿工程生产实习的顺利进行提供保障。

本书第1、2、5、7、8章由黄明清副教授编写，第3~4章由楼晓明教授编写，第6章由肖广哲副教授、刘青灵讲师编写，胡建华教授主审。参与编写与审校的还有付毅教授级高工，李兵磊、李兴尚、胡柳青、付跃升、胡凯建副教授，邱胜光、王福缘、李瑞祥、邱熠华、王选高工，刘建兴、林木森、胡维喜讲师；参与本书资料查阅、整理、文稿校对的有郑其伟、路丰豪、申逸凌、李兆岚、王伟澄、詹术霖、蔡思杰、张厚缘等研究生。

　　本书得到了教育部"新工科"研究与实践项目"新工科背景下'紫金模式'人才培养综合改革与实践"及福州大学本科教育教学研究项目（FDJG202238）的资助，紫金矿业集团股份有限公司、福建马坑矿业股份有限公司提供了大量宝贵的矿山资料，为此表示深深的谢意。

　　由于作者水平有限，书中难免有不妥之处，敬请广大读者不吝赐教、批评指正，不胜感激。

作　者

2022 年 10 月于福州大学

目　　录

1 绪　　论

1.1　生产实习目的与意义

金属矿产支撑着我国 426 座矿业城市的生存和发展，相关产业涉及 3.1 亿人口。同时，我国 90% 以上的能源、80% 以上的工业原料、70% 以上的农业生产资料都来自矿产资源；矿产资源已占全国工业总产值的 30%[1]。

采矿工程的发展历史悠久，是一门以地质学、数学、力学、化学、经济学和管理科学等为基础，面向矿产资源开发和利用的综合性强、交叉度高的工程学科。采矿工程主要根据矿床开采技术条件进行矿山开采研究、设计、生产、施工，合理选择开采方式、系统、工艺及设备等；有效地组织、管理矿山和岩土工程领域的生产，从而安全、经济、高效地开采露天及地下矿产资源。

根据国际工程联盟（International Engineering Alliance）发布的《毕业生要求与职业能力框架（2021 版）》及中国工程教育专业认证协会修订的《工程教育认证通用标准解读及使用指南（2022 版）》，参与工程教育专业认证的专业应设置完善的实践教学体系，并与企业合作，开展实习、实训，培养学生的实践能力和创新能力。国内开设采矿工程、智能采矿工程、矿物资源工程等专业，以及设置采矿工程国际化实验班、地采复合型实验班等新型培养模式的普通高等学校，均把采矿工程生产实习作为专业培养方案中重要的必修课程及专业实践教学环节，以支撑学生具备设计采矿方案、解决复杂工程问题的能力，树立良好职业规范等方面的培养要求。

采矿工程生产实习在专业方面，通过现场参观、跟班实习、专题研讨、撰写报告、实习答辩等教学方式，熟悉金属矿床地下开采和露天开采中先进的工艺系统、采矿工艺、技术装备、安全环保、技术经济等知识，了解矿山管理系统、管理方法与矿业法律法规，掌握阅读绘制工程图纸、设计工程方案、解决工程问题等能力，为从事矿山开采技术与生产管理工作打下基础。

在德育方面，通过矿山现场实习，充分认识矿业在国民经济中的重要地位，切身感受矿山的工作环境及工艺特点，培养学生吃苦耐劳、爱岗敬业、实事求是、团队协作、实践创新的工作精神，树立艰苦行业扎根一线、奉献矿业的价值观，提升学生的专业素养和社会责任感，为我国社会主义建设培养卓越的矿业人才。

1.2　生产实习主要内容

通过资料研读、专题讲座、虚拟仿真、现场参观、现场教学、跟班实习、专题研讨、撰写报告、实习答辩等方式，开展金属矿床露天开采、地下开采的生产工艺、技术、设备、工程等方面的教学与实践。

在金属矿床露天开采方面，生产实习内容包括：（1）系统了解露天开采穿孔、爆破、采装、运输、排土工作的工艺流程及采矿装备的使用方法。（2）了解露天矿开采的各种开拓方法及采剥方法的选择，掌握露天矿公路开拓方法和掘沟工程。（3）根据所学知识，能对所实习矿山的生产工艺和技术做出一定评价和分析，并对其不合理的地方提出改进措施和建议。（4）收集整理学习资料，认真听取矿山技术和管理人员所作的专题报告及参观时所介绍的内容，编写实习报告。

在金属矿床地下开采方面，生产实习内容包括：（1）掌握实习地点地下矿山矿床的工业特性，如矿石和围岩的物理力学性质、矿体形状、厚度及倾角等；掌握实习地点矿床回采单元的划分及开采顺序；掌握矿床开采步骤和三级储量等。（2）理解不同矿床开拓方法，根据实习地点的具体地质条件绘制相应的开拓方法；掌握实习矿山开拓巷道的优点和缺点等；根据实习矿山画出地表移动带、确定和布置矿山井底车场及硐室、阶段运输巷道等。（3）掌握实习矿山爆破法落矿的工艺流程及具体爆破参数，采场内矿石运搬的原理、二次破碎方法、运搬设备，掌握向矿车装矿及运输提升的工艺流程。（4）了解实习矿山的地压管理方法。（5）掌握实习地点各种不同的采矿方法，能采用文字和图表等方法详细说明实习矿山的采场结构参数及采准、切割、回采和通风等过程。（6）根据所学知识，能对所实习矿山的生产工艺和技术做出一定评价和分析，并对其不合理的地方提出改进措施和建议。（7）收集整理学习资料，认真听取矿山技术和管理人员所作的专题报告及参观时所介绍的内容，编写实习报告。

1.3　生产实习总体安排

采矿工程生产实习安排在本科第六学期中或暑假，合计 5 周 35 天；其中，金属矿床露天开采矿山现场实习 14 天，金属矿床地下开采矿山现场实习 14 天，露天开采与地下开采国家虚拟仿真实验教学项目实训 3 天。生产实习总体进度安排见表 1-1。

表 1-1　采矿生产实习总体进度安排

序号	实习进度	实习项目与内容	实习时长/天
1	第 1 天	实习准备、实习动员与实习轮换	1
2	第 2~15 天	金属矿床露天开采参观、讲座、实习与跟班	14
3	第 16~29 天	金属矿床地下开采参观、讲座、实习与跟班	14
4	第 30~32 天	金属矿床露天开采、地下开采虚拟仿真实验	3
5	第 33~35 天	专题研讨，实习答辩，实习总结	3
6	合　计		35

2 生产实习准备

2.1 生产实习教学大纲

2.1.1 课程中英文名称及课程性质

中文名称：生产实习。

英文名称：Mining Production Practice。

课程性质：学科必修。

2.1.2 授课对象及学时

授课对象：采矿工程专业学生。

总学分：5分。

总学时：5周。

2.1.3 本课程与其他课程的联系

先修课程：金属矿床地下开采；金属矿床露天开采；矿山地质学；岩体力学；凿岩爆破；井巷工程与施工；矿山系统工程；认识实习。

后续课程：充填理论与技术；矿井运输与提升；矿山规划与设计；毕业实习；毕业设计。

2.1.4 课程教学的目的

本课程是采矿工程专业主干实践课程，是三大实习环节的关键组成部分。

通过本课程的学习和掌握，支撑但不限于中国工程教育专业认证如下毕业要求。

支撑毕业要求7：工程与社会。能够基于矿业工程相关背景知识进行合理分析，评价采矿专业工程实践和复杂工程问题解决方案对社会、健康、安全、法律以及文化的影响，并理解应承担的社会责任。其中的分解指标点 7.1：了解采矿工程领域相关的生产工艺、流程、企业管理规定、法律法规、技术规范、标准体系和产业政策，理解不同社会文化对工程活动的影响（权重 0.3）。

支撑毕业要求 9：职业规范。具有人文社会科学素养、社会责任感，能够在工程实践中理解并遵守工程职业道德和规范，履行责任。其中的分解指标点 9.2：理解工程伦理的核心理念，能在工程实践中自觉遵守职业道德和规范，履行责任（权重 0.3）。

支撑毕业要求 10：个人和团队。具有一定的组织管理能力，拥有良好的心理、身体素质和交流能力，具有在矿业领域、岩土领域多学科背景下的团队合作精神和执行能力。其中的分解指标点 10.1：理解个人与团队的关系，能够在多学科背景下的团队中承担个体、团队成员以及负责人的角色，能独立完成个人分工职责，并与他人共享信息、合作共事，具有良好的团队合作精神（权重 0.2）。

支撑毕业要求 11：沟通。能够就复杂工程问题与矿业界同行及社会公众进行有效沟通和交流，具备撰写报告材料、陈述发言、清晰表达的能力。具有全球化视野及良好的外语基础，能够在跨文化背景下进行沟通和交流。其中的分解指标点 11.1：能就采矿工程专业问题以口头、文稿、图表等方式，准确表达自己的观点，回应质疑，具备与业界同行及社会公众进行有效沟通和交流的能力（权重 0.3）。

通过本课程的学习和掌握，拟达到以下教学目标：

在专业方面，通过现场参观、现场教学、跟班实习、专题研讨、撰写报告、实习答辩等教学方式，巩固前期已学的专业理论知识，了解矿山管理系统、管理方法与矿业法律法规，熟悉金属矿山地下开采和露天开采中先进的工艺系统、采矿工艺、技术装备、安全环保、技术经济等知识，掌握阅读采矿工程图纸、设计开拓工程与采矿方法流程、布置采矿各工序环节、撰写与分析技术报告等能力，培养观察分析问题和解决复杂工程问题的能力，为今后从事矿山开采技术与生产管理工作打下基础。

在德育方面，通过矿山现场为期一个多月的实习，充分认识矿业在国民经济中的重要地位，切身感受矿山的工作环境及工艺特点，培养学生吃苦耐劳、爱岗敬业、实事求是、团队协作、实践创新的工作精神，树立艰苦行业扎根一线、奉献矿业的价值观，提升学生的专业素养和社会责任感，为我国社会主义建设和中国共产党的治国理政培养优秀的矿业人才。

2.1.5　课程教学的主要内容和教学方法

生产实习主要内容包括金属矿山露天矿及地下矿的生产工艺、技术、设备、工程等方面的实习。

2.1.5.1　露天矿山采矿生产实习内容

（1）矿山工程技术报告。

（2）安全教育报告。

（3）矿山概况和矿床地质报告。

（4）采矿生产技术报告。

（5）企业管理报告（重点是生产管理、劳动工资和财务成本方面）。

课程思政：绿水青山就是金山银山的环保理念；因矿生法，具体问题具体分析方法；安全至上、以人为本的生产经营理念。

A　露天矿床开拓与开采境界

（1）露天矿设计与建设基本程序。

（2）露天开采境界，包括境界的组成、分类、现代信息技术的应用。

（3）剥采比及其均衡：剥采比的分类、生产剥采比、境界剥采比、生产剥采比的影响因素、生产剥采比均衡。

（4）露天矿采剥方法：合理开采顺序、降深方式、按工作线方向布置的采剥方法、采剥进度计划的编制。

（5）露天矿生产能力：生产能力的影响因素，生产能力的计算。

（6）露天矿床开拓：露天矿开拓方法的选择、公路运输开拓、平硐溜井开拓、开拓过程中主要设备与工艺、掘沟工程（出入沟、开段沟）。

课程思政：党和国家为人民谋幸福、为民族谋复兴的初心和使命；贫富兼采、珍惜不可再生资源的矿山开发原则；科学的进步对矿山开采技术的推动作用；现代信息技术等新技术在传统产业的应用和发展；接纳、探索新工艺、新技术的勇气和精神；精益求精、胆大心细的职业操守。

B　露天矿床开采工艺

（1）穿孔：机械穿孔中的牙轮钻机、潜孔钻机、钢绳冲击式钻机以及凿岩台车，炮孔孔径、孔深，孔网参数。

（2）爆破：露天矿装药结构、布孔方式与起爆网络、微差间隔时间；临近边坡的控制爆破，炮孔检查、装药、堵塞、网络连接、警戒、起爆等工艺流程与要求。

（3）采装：采装设备和采运设备（单斗挖掘机、推土机等）工作参数，机械铲作业方式与工艺，采掘工作面参数、优缺点、生产能力、挖掘过程等。

（4）运输：露天矿公路（汽车）运输设备类型（包括匹配设备）、载重量、斗容、转弯半径和平台要求的工作平盘宽度等，工作面汽车入换方式，转载站及与溜井运输。

（5）排岩：废石场位置与排岩工作方法的选择，废石场的建设和发展，废石场的稳固性与防护措施，废石场的污染控制与复垦等。

课程思政：以人为本、安全第一的生产理念；我国矿业制造业的发展之路及《中国制造2025》计划；党的二十大报告中"加快建设国家战略人才力量，努力培养造就更多卓越工程师、大国工匠、高技能人才"对新时代矿业人才的要求；我国面临激烈的矿业国际竞争而对智能开采的要求；矿山复垦对生态恢复的积极作用。

C 生产实践

（1）在值班长和工人师傅的带领与领导下，以生产班组一员的身份，实地参加穿孔、爆破（炮工）、现场管理的生产劳动实习。

（2）在相关技术人员的带领与领导下，以技术班组一员的身份，实地参加技术科、生产科、地测车间的生产劳动实习。

（3）记录实习所在技术组和工作面的矿块结构、采准切割工作和回采工艺过程、劳动组织和作业循环、所使用的采、装、运设备及其生产能力等。

（4）记录实习所在技术组和工作面的凿岩、爆破、测量、运输工作，凿岩爆破参数、炸药装填与起爆方法等。

（5）提出生产采掘作业存在的主要问题，改进建议。

课程思政：提升专业素养与专业自信，培养实践创新的工匠精神；部门与部门之间、人与人之间密切配合、团队协作的集体主义精神；艰苦行业摒弃虚荣、扎根一线、吃苦耐劳、任劳任怨、敢于挑战自我的职业精神；遵守安全章程，培养良好的职业习惯及善于与人沟通的习惯。

2.1.5.2　地下矿山采矿生产实习内容

A　矿山生产技术报告

对矿山生产进行一般性的全面了解。听取矿区生产概况介绍报告、安全报告、地质报告、采矿方法、矿床开拓及井巷掘进报告，对矿山生产进行全面认识，包括矿区概况、地质构造、矿体赋存条件、矿区开拓系统、矿井提升运输、通、排、压系统、阶段内矿块布置、矿区所用采矿方法、主要生产技术指标以及生产中存在的技术问题等。

课程思政：工程设计时的整体性、统筹性、全局性考虑；社会主义制度对矿业技术发展的促进作用；我国采矿技术在世界的先进性；安全第一的生产理念；矿业开发承担的社会责任。

B　矿山地表生产系统

（1）矿区地表地形特征（地势、建筑物、河流等）、地表陷落区及工业广场布置。

（2）主井、副井、通风井、充填井等井筒的位置及其相互联系。

（3）卷扬机房：提升机及电机型号和性能，每班提升的矿石量和废石量，提升矿石和人员的速度与安全系数。

（4）扇风机房：扇风机型号，主扇性能，通风系统，通风井巷的断面积及实际风速。

（5）废石场：废石场的位置选择，废石排弃方法，废石堆放量及占地面积。

（6）地表火药库：火药库位置选择。

（7）选矿厂：选矿厂位置选择，选厂位置与井口之间的相互关系（运输及风向等），破碎机型号，对处理矿石块度的要求，选厂日处理矿石量，选厂对矿石品位的要求，选厂的工艺流程，尾矿处理，尾矿坝位置选择。

（8）地面矿石、废石运输系统。

课程思政：整体与局部的辩证统一关系，责任与能力的匹配性，对大自然的敬畏之心，透过现象看本质的方法。

C　矿山井下生产系统

（1）井口：井筒断面布置，提升容器型号规格，每班提升的矿车数（或矿石量），每班提升的人员数。

（2）井底车场：井底车场形式，马头门形状和范围，长材料及大型设备下放方法，矿车上下罐的机械装备及使用情况，井底车场各段线路长度、坡度、自溜滑行段，斜井井底车场形式及各段线路组成和坡度、斜井甩车道形式、斜井吊桥结构及工作情况。

（3）水泵房：水泵房位置，水泵型号及性能，阶段涌水量、昼夜排水量，水泵房规格，水仓形式、容积和水仓的清理方法，水泵房的标高及安全出口。

（4）井下变电所：设备型号及性能，变电所与水泵房之间的关系，变电所安全出口。

（5）井下火药库：火药库位置选择（离井底车场、主运输平巷等之间的安全距离），火药库形式、容量、炸药种类及性能，药包规格及质量。

（6）井下压风机房：空压机型号、数量和性能，冷却方式及压机工作状态。

（7）运输巷道：运输巷道的布置形式、规格及敷设情况（轨道、架线水沟等），道岔种类及布置形式、巷道坡度，调车场位置和调车方式。

（8）矿用电机车：电机车型号，生产阶段的电机车总数和备用机车数，全矿机车总台数（工作和备用数）。

（9）矿用矿车：矿车种类及容积，生产阶段内各种矿车数量，各种矿用矿车数量，全矿矿车总数（工作和备用数），矿车定点分布情况，一列车所拉的矿车数。

（10）卸矿硐室：各种卸矿硐室规格，卸矿方式，调车方式。

（11）溜井：溜井位置及断面尺寸，溜井形状，支护方法，溜井下口放矿闸门结构。

（12）生产探矿：探矿方法，生产探矿网度，钻机型号及工作情况，钻孔直径及钻孔深度，钻机要求的硐室规格。

（13）阶段运输系统。

（14）矿井通风系统。

（15）矿井排水系统：矿井疏干工程（疏干巷道、硐室、钻孔等）。

（16）阶段内矿块开采顺序。

（17）漏口闸门：漏口闸门的形式，结构特点，操作方法。

（18）矿块的采准、切割工作：

1）矿块采准、切割巷道布置，采准、切割巷道断面及凿岩方法，天井掘进方法，掘进采切巷道所用设备。

2）切割方法：漏斗及堑沟形状，拉底、辟漏和开立槽的施工方法及顺序。

（19）矿块的回采工作：

1）工作面布置方式，炮孔布置（炮孔排距、最小抵抗线，炮孔间距、崩矿步距、边孔角度等），采场内同时工作的凿岩机台数，每台凿岩机配备的工人数，凿岩机型号及性能，凿岩机的架设方式，凿岩中心的确定，钎头形状及直径大小，钎头寿命，钎杆形状及尺寸。

2）爆破参数，装药连线及起爆方法；矿用炸药种类及性能；装药方式、装药器型号及性能；用装药器装药时对返粉的回收情况；装药时，对孔口的填塞方法及填塞长度；爆破器材，爆破时的通风方式；每次爆破所用的炸药量、崩落的矿石量，每米炮孔崩矿量，一次单位炸药消耗量；大块产出情况、二次破碎方法，二次破碎炸药单耗量，二次破碎时通风方式。

3）采场地区管理方法。

4）采场通风方式，通风设备，存在的问题。

5）采场矿石运搬工作：矿石运搬方式，运搬设备型号和数量，运搬设备的有效运距，运搬设备对巷道规格的要求（联络道，回采巷道、切割巷道等），运搬设备运行情况，影响矿石运搬效率的因素，矿石块度对装矿效率的影响，对大块的处理方法，装矿方式对矿石损失贫化的影响情况。

6）回采工作的劳动组织形式及其工作循环。

（20）井巷掘进工作：巷道掘进方法（井筒、平巷等），井巷掘进采用的凿岩、出矿、运输设备，炮孔布置及装药爆破方法，起爆药包的位置，井巷掘进时的通风设备及通风方式；井筒、平巷等巷道断面尺寸（一般常用断面）；井巷支护方式；巷道掘进时的劳动组织及工作循环；巷道掘进时出碴设备及出碴方式。

课程思政：新中国成立以来我国矿业科技和制造业的飞速发展情况；抓住核心问题解决生产难题的方法；解决同一问题时方法的多样性，开拓创新精神；安全生产、不违规作业的遵规守法、安全生产思想；个体是整体的一部分，培养集体主义和精诚合作精神；设备选型的节能环保原则；艰苦奋斗、甘于奉献、敢为人先的工匠精神；相互帮助、相互协作的团队精神。

2.1.5.3　教学方法

教学方法侧重于现场实践教学，教学方法体现多样性、生动性与实践性，包括但不限于以下方式。

（1）资料研读：在实习教学基地，对前期收集的矿山资料、图纸进行研读，组织讨论，紧扣实习目的，带着问题去现场。

（2）专家讲座：邀请熟悉现场的管理人员及技术人员，对金属矿山发展历程、矿山地质、矿区概况、开拓方法、开采方法、安全管理、技术经济等专题进行介绍，加深学生对实习单位的整体认识。

（3）现场参观：由现场工程师带队，熟悉矿山地面工业场地的布置，了解矿山的总体布置；熟悉露天采矿厂、地下采矿厂、选矿厂、内部运输系统、外部运输系统、尾矿库、排土场的现场分布及其特点。

（4）现场教学：带队老师结合"金属矿床地下开采""金属矿床露天开采"等已学课程，通过现场点对点、面对面的针对性回顾与介绍，将理论知识与工程实践结合，促进学生从感性认识到理性认识学习过程。

（5）跟班实习：在条件具备的情况下，组织学生分组跟班实习，在现场技术人员及工人的引导下，以现场作业人员身份进行勘察、绘图、设计、凿岩、爆破、出矿、运输、提升、充填、给排水、安全避险等生产劳动，亲身经历矿山一线人员的工作模式。

（6）专题研讨：以班级或班组为单位开展专题研讨，研讨可以涵盖开拓、总图、采矿工艺、凿岩、爆破、出矿、运输、充填、安全、环保、技术经济等专题，每个实习小组通过 PPT、CAD 等形式介绍自身的认识，有针对性地加深学生对某一工艺环节的理解。

（7）撰写报告：通过以上实践环节，收集和参阅有关技术文件、图纸和相关资料，根据生产实习指导书要求撰写实习日志、实习报告；要求结合矿山实际和实习过程思考总结，提交专题研究报告和合理化建议。

（8）实习答辩：根据生产实习指导书要求进行生产实习答辩，答辩评委由专业课教师与工程型教师共同组成。

2.1.5.4 时间安排

生产实习安排在采矿工程专业第 6 学期中或暑假，共 5 周 35 天，根据以上实习内容，时间总体安排见表 2-1。

表 2-1　生产实习时间安排

序号	实践内容	时间/天
1	实习准备、实习动员与实习轮换	1
2	露天开采参观、讲座、实习与跟班	14

序号	实践内容	时间/天
3	地下开采参观、讲座、实习与跟班	14
4	露天开采、地下开采虚拟仿真实验	3
5	专题研讨，实习答辩，实习总结	3
合计		35

2.1.6 课程考核内容及方式

拟采用实习日志、实习报告、专题研讨、实习答辩、平时表现（纪律与考勤）等相结合的方式进行考核。以上均支撑毕业要求：7.1 了解采矿工程领域相关的生产工艺、流程、企业管理规定、法律法规、技术规范、标准体系和产业政策，理解不同社会文化对工程活动的影响；9.2 理解工程伦理的核心理念，能在工程实践中自觉遵守职业道德和规范，履行责任；10.1 理解个人与团队的关系，能够在多学科背景下的团队中承担个体、团队成员以及负责人的角色，能独立完成个人分工职责，并与他人共享信息、合作共事，具有良好的团队合作精神；11.1 能就采矿工程专业问题以口头、文稿、图表等方式，准确表达自己的观点，回应质疑，具备与业界同行及社会公众进行有效沟通和交流的能力。具体成绩分配：实习报告与实习日志 60%，其中，露天开采部分占比 25%、地下开采部分占比 25%、虚拟仿真部分占比 10%；专题研讨 10%；实习答辩 15%；德育与平时表现 15%。考核内容及考核方式见表 2-2。

表 2-2 考核内容及考核方式

考核内容	考核方式		支撑毕业要求
实习日志	提交报告	按要求	7.1、11.1
实习报告	提交报告	专业认识	7.1、11.1
实习答辩	现场答辩	理解能力	11.1
专题研讨	分组汇报	专业素养	10.1
平时表现	校企提交	企业反馈	9.2

2.1.7　课程教学目标与毕业要求关系

课程教学目标与毕业要求关系见表2-3。

表2-3　课程教学目标与毕业要求关系

课程教学目标	毕业要求
巩固前期已学的专业理论知识，了解矿山管理系统、管理方法与矿业法律法规，熟悉金属矿山地下开采和露天开采中先进的工艺系统、采矿工艺、技术装备、安全环保、技术经济等知识	7.1 了解采矿工程领域相关的生产工艺、流程、企业管理规定、法律法规、技术规范、标准体系和产业政策，理解不同社会文化对工程活动的影响
树立艰苦行业扎根一线、奉献矿业的价值观，提升学生的专业素养和社会责任感，为我国社会主义建设和中国共产党的治国理政培养优秀的矿业人才	9.2 理解工程伦理的核心理念，能在工程实践中自觉遵守职业道德和规范，履行责任
充分认识矿业在国民经济中的重要地位，切身感受矿山的工作环境及工艺特点，培养学生吃苦耐劳、爱岗敬业、实事求是、团队协作、实践创新的工作精神	10.1 理解个人与团队的关系，能够在多学科背景下的团队中承担个体、团队成员以及负责人的角色，能独立完成个人分工职责，并与他人共享信息、合作共事，具有良好的团队合作精神
掌握阅读采矿工程图纸、设计开拓工程与采矿方法流程、布置采矿各工序环节、撰写与分析技术报告等能力，培养观察分析问题和解决复杂工程问题的能力	11.1 能就采矿工程专业问题以口头、文稿、图表等方式，准确表达自己的观点，回应质疑，具备与业界同行及社会公众进行有效沟通和交流的能力

2.2　实习分组

矿山实习现场空间有限，为保证实习安全及不影响现场生产，生产实习均以分组形式进行。以一届2个班60人为例：将学生分为A、B两大组，每组30人。A组生产实习前半程前往地下矿山实习，B组生产实习前半程前往露天矿山实习，后半程A、B两组交换实习场地。每大组中分别分为4个小组，分别编号为 $A_1 \sim A_4$、$B_1 \sim B_4$ 小组，每个小组 6~8 人；各小组各自推选一名组长，负责师生联系、现场安全、小组会议等。考核内容中专题研讨亦以小组为单位。

露天开采实习单位科室部门主要有：技术科、生产科、安全环保科；在露天开采单位实习过程中，以小组为单位，以生产班组成员的身份轮流到技术科、生产科以及安全环保科进行现场跟班学习，过程中每 3~4 天进行一次小组会议及轮换，系统、深入地了解日常生产细节与整体的关系以及各部门之间的信息流通关系。

地下矿山生产实习依托以下职能科室进行：生产科、安全科、采掘车间、提升车间、充填车间。地下矿山生产实习以小组为单位，根据实际情况进行地下跟班实习，分别对地面设施部分、井下开拓部分、回采工作部分、采场采矿部分、充填部分进行学习，过程中每 3~4 天进行一次小组会议及轮换。

2.3　实习用品与实习经费

2.3.1　实习用品

实习用品包括：

（1）学习用品。计算机、实习日志本、实习指导书、专业书籍等。

（2）生活用品。被子褥子、蚊香、外衣、饭盒、必要的钱物等。

（3）劳保用品。雨靴、矿帽、矿灯、雨衣、手套、口罩等；定位器、自救器等由矿山提供。

2.3.2　实习经费

经费是生产实习教学工作顺利进行的保障，根据高校本科生实习守则要求，在出发前准备实习经费，包括交通费、专家劳务费、保险费、劳保费等。

（1）交通费：包括师生在学校与实习单位之间的往返交通、师生住宿地点与实习点之间的交通费用。

（2）专家劳务费：生产实习相关的企业专家专题讲座劳务费等。

（3）保险费：教师及学生人身意外伤害保险。

（4）防疫及劳保费用：包括核酸检测、防疫口罩、防疫药品、正常损耗备用劳保用品等。

（5）实习期间日常费用：包括实习指导书、日志、报告、记录本打印、复印、胶装等；记录本、文件夹、信封、笔、胶水等；答辩横幅、场地布置等；与实习单位下属各部门及政府部门学术交流、思政活动等方面支出。

2.4　校内指导教师职责

校内指导教师职责包括：

（1）实习总负责的带队指导老师。制订实习计划（进度表），联系实习单位，分别向学校和实习单位提交实习申请，并推进、落实好各阶段、环节的实习计划，并在跟系、学院和实习单位保持沟通的基础上，对临时出现的条件状况的变化及时做出调整安排。实习结束之后，对生产实习课程材料进行归档。

（2）经费管理的带队指导老师。实习经费管理与使用。实习经费是实习的财务保障，包括经费申请、入账、分配、使用（含实习前期的保险办理工作）与报账等几个环节的工作。

（3）全体实习带队指导老师。实习前应充分了解本次实习计划、所实习矿山的基本情况、实习内容、任务及要求，带队指导老师按统一部署相互配合完成工作；实习中独立带队，协调好与实习单位的关系，组织管理好实习队伍（包括实习期间学生的安全纪律管理），按实习计划的要求安排完成各自期间所负责实习队伍的实习任务；实习后完成实习收尾（实习材料的收齐、批阅或评分）和总结工作（提交给实习负责人个人的总结报告）。

2.5　校外指导教师职责

为增强专业办学实力，强化学生的工程实践知识和能力培养，本专业还根据校企合作办学机制和本科教学需要，聘请了多名企业技术人员和研究单位的专家作为"工程型"教师，直接参与本科生的部分教学工作，包括学术讲座、课程讲授和毕业答辩指导等。这些兼职教师具有丰富的工程实践经验，直接参与本科教学过程，在教学活动过程中紧密结合工程实践，使学生掌握了更多的工程知识并提高了工程实践能力。在生产实习中，校外指导老师主要负责以下工作：

（1）承担部分课程或学术讲座。

（2）负责学生实践能力的培养、为学生提供专业实践条件，并协助校内导师做好学生校外实践的管理工作。

（3）协助校内导师指导学生进行实践管理、答辩等工作，并对学生在实践过程中的表现进行评分或反馈。

（4）能将实践与课本的理论知识相结合。实践过程中采用现场教学法使知识更具有重点突出、生动感知、联系实际的特点，充分调动学生的学习热情和主观能动性、提高分析问题和解决问题的能力、拓宽学生的知识面，从而有效提高学生的综合素质。

2.6　实习组长职责

实习组长职责包括：

（1）负责本组组员下井安排（分配轮换名额），每3天组织召开小组例会，讨论实习中所遇到的问题，完成衔接、协调和反馈工作，做好小组会记录（生产实习会议记录见附录5），每日考勤记录和汇报。

（2）带头做好并检查督促小组成员撰写实习报告和专题报告等工作。

（3）配合实习师傅和带队指导老师完成所安排的工作。

2.7　文明实习与实习纪律

2.7.1　文明实习的基本要求

文明实习的基本要求包括：

（1）执行规章制度，遵守劳动纪律。

（2）严肃工艺纪律，贯彻操作规程。

（3）优化实习环境，创造优良实习条件。

（4）按规定完成设备的维护保养。

（5）严格遵守实习纪律。

2.7.2 实习日常行为规范"十不准"

实习日常行为规范"十不准"包括：

（1）实习期间不准吸烟、饮酒，实习现场不许吃零食、听歌、玩手机。

（2）不准在现场打斗、追逐，不准翻防护栏、围墙。

（3）不准乱丢果皮、废纸、塑料袋、饮料瓶。

（4）不准损坏公共财物。

（5）不准顶撞教师和企业师傅。

（6）不准私自带工具、材料出实习场所。

（7）不准私自拆装电器。

（8）不准乱动未批准使用的设备，不准乱写乱画。

（9）不准玩火、电子游戏、扑克、麻将和其他的赌博游戏。

（10）不准干私活、做凶器、偷材料、偷零件等。

2.7.3 实习规范

实习规范包括：

（1）实习课前，实习学生必须穿好防护用品（安全帽、反光衣、实习靴等），由班组长负责组织集合，提前5min进入实习课堂。

（2）实习指导教师讲课时，实习学生要专心听讲，认真做笔记。不得说话和干其他事情。

（3）提问要举手，经教师示意允许后，方可起立提问。

（4）实习指导教师操作示范时，实习学生要认真观察，不得乱挤和喧哗。

（5）实习学生需要按照企业的分配位置进行练习，不允许串岗，不允许乱动他人设备。每天应将实习观察的结果收集整理，逐日写好实习日记，按时完成实习思考题和作业，写好实习报告。

（6）严格遵守安全操作规程，严防人身和设备事故的发生。

（7）按照实习课程、课题要求，保质、保量、按时完成实习任务，不断提高操作水平。

（8）爱护公共财产，珍惜每一滴水、每一度电，尽量修旧利废。

（9）保持实习现场的整洁。下课前，要全面清扫、保养设备，收拾好工具、材料，关闭好电源开关、水龙头，写好交接班记录，开好班后会。

（10）去企业参观实习时，应严格遵守企业的有关规章制度，服从安排，尊敬师傅，虚心求教。

（11）不旷工，不早退，准时上班，有事情需请假，认真履行请假手续。

（12）请假结束后，认真履行销假手续，并做好登记。

（13）遇到加班，学生需要服从企业的安排，认真完成加班任务，不可顶撞或无故不来加班。

（14）生产实习期间同样需要搞好宿舍卫生，认真履行宿舍文明纪律。

（15）保持乐观向上的心态，有困惑及时找师傅或教师沟通，让自己保持良好的工作状态。

2.7.4　请假、考勤与处理办法

小组组长做好组员每天考勤记录，考勤分为现场（下井或上山要记录次数）、内业（没有安排到现场实习的组员）、请假或缺席（按旷课论处）几种情况。请假要有假条，凡有病或有事均可以正常请假，在矿山食宿的实习带队老师批准即可。若离开矿山，一天以内实习带队指导老师批准，两天由实习带队负责老师或系主任批准（知情），三天及以上的需要学院批准。无故缺席一次扣3分，两次扣6分，三次考勤分记为零分；无故缺席三次以上的生产实习成绩判为不及格。

3 实习基地概况

3.1 概　　述

实习基地是开展实践教学、培养学生工程与实践能力和创新精神的重要场所，是学生了解社会和企业、接触生产实践的桥梁，也是高等学校实现人才培养目标的重要条件保证。对于采矿工程生产实习，实习基地能够使学生巩固和深化课堂所学书本知识，初步掌握本专业野外工作方法和相关技能，培养学生发现问题、分析问题和解决问题的思维和能力。

实习基地的合理规划与建设是生产实习现场实践教学的硬件保证，条件合适、地点集中的实习基地也有利于企业指导教师开展系统化、规范化的指导[2]。因此，实习基地需要具备完善的系统，在生产上具有代表性，并且在不影响正常生产的前提下能够容纳多组别进行实习任务，能够让学生对矿山实际生产进行全面的认识，在现场进行实地考察，系统了解露天开采穿孔、爆破、采装、运输、排土工作的工艺流程及采装设备的使用方法，掌握地下矿山矿床的工业特性，以及开拓、采准、切割、采矿、通风、运输、提升、安全监测、给排水等工艺特征。

3.2　紫金山金铜矿

3.2.1　矿山简介

紫金山金铜矿床是我国 20 世纪 80 年代发现并探明的特大型黄金和大型铜共生矿床之一。2008 年 3 月，紫金山金铜矿被中国黄金协会授予"中国第一大金矿"荣誉称号。作为一座世界级矿山，紫金山金铜矿属大型斑岩金铜矿床，以多个矿化富集体为中心，呈现渐变关系，即逐步过渡为低品位矿体和含铜废石，矿体与围岩界线不清。金矿床产于 600m 标高以上的氧化带中，为特大型低品位氧化金矿，可利用金属量约200t，目前正进行大规模露天开采；铜矿产于600m标高以下的原生带中，已控制矿化最低标高-100m，为次火山中低温热液矿床，矿体为大脉状，硫化铜矿石类型，为大型矿床，矿石可选性好。矿区水文工程地质条件简单。

3.2.2 地质资源

3.2.2.1 矿区地质概况

矿区位于华南褶皱系东部，东南沿海火山活动带的西部亚带，北西向云霄-上杭深断裂带北西段与北东向宣和复背斜南西倾伏端交汇处，紫金山复式岩体中部。仅在矿区北西角出露少量的楼子坝群浅变质岩，岩性主要为变质粉砂岩和千枚岩，走向北东，倾向北西，倾角50°左右，与燕山早期似斑状中粗粒花岗岩呈断层接触[3]。

矿区节理裂隙非常发育，主要为北西、北东向二组，其中北西向节理裂隙是矿区最发育，与成矿关系最密切的一组构造。其总体走向320°，倾向北东，倾角浅部50°～60°，深部变缓20°～30°，裂隙间隔几十厘米至1米，倾向延伸较走向大。由于该组裂隙在成矿阶段处于强烈的拉张环境，极有利于矿液的充填交代，是铜矿主要的控矿和容矿构造。

区内岩浆岩有侵入岩及火山岩。侵入岩有燕山早期侵入的碎裂中粗粒花岗岩、碎裂中细粒花岗岩和细粒白云母花岗岩，蚀变强烈，是矿床的主要围岩。晚期侵入的脉岩有花岗斑岩、石英斑岩，脉幅1～20m，走向25°，倾向南东，倾角35°～70°。

火山岩形成于早白垩世，与成矿关系十分密切。由于剥蚀较深，仅保留有次火山相的英安玢岩、隐爆相的隐爆角砾岩及火山侵入相的花岗闪长斑岩，分布于矿区中东部的火山机构及其附近。该火山机构为一长度约1500m、宽800～1000m、呈北东走向的椭圆状洼地，只保留火山通道相。火山通道内充填英安玢岩、英安质隐爆角砾岩和边部复成分隐爆角砾岩，在其根部为火山侵入相花岗闪长斑岩。在岩筒的北西和南东，隐爆角砾岩和英安玢岩呈脉带展布，形成宽约1200m、长约2000m、走向320°、倾向北东、倾角20°～60°、上陡下缓的隐爆角砾岩密集带。

3.2.2.2 矿区地质特征

矿床属斑岩成矿系列次火山高硫中低温热液矿床。

铜矿体赋存于潜水面以下原生带中，为隐伏矿床。共圈定矿体 20 个，其中主要矿体 5 个（9、10、11、12、13 号矿体），铜金属量占总金属量的 86.6%。矿体分布于 31～24 号线，长 1400m，宽 1600m，展布面积 2.24km² 。分布标高主要在 800～100m，垂直深度 1151m。在 11～0 号线矿体密集地段，剖面上矿体累计厚度可达 530～680m。

矿体呈密集的平行不规则脉带产出，在剖面上呈右形侧列分布，从南西向北东、自下而上，矿体呈"叠瓦状"斜列，形成自北东端矿体从标高 928m 向南西端降至标高 -200m 以下的侧伏形式，侧伏角 15°～35°。矿体形态多为简单到复杂的透镜体，少部分呈脉状、似板状。5 个主要矿体多为不规则大透镜状，次为不规则板状体，分枝复合明显。矿体产状比较稳定，总体走向 320°，倾向北东，倾角 5°～46°，上陡下缓。各主要矿体特征详见表 3-1。

表 3-1　紫金山金铜矿主要铜矿体特征

矿体编号	矿体形态	产状/(°)			规模/m			空间分布			平均品位(Cu)/%
		走向	倾角	倾向	最大走向长度	最大倾向延伸	平均厚度	勘探线号	标高/m		
									最高	最低	
9	不规则大透镜状	320	50	30	900	842	41.17	27～8	618	-15	0.65
10	不规则大透镜状	320	50	23	900	1156	38.99	27～8	636	90	0.67
11	不规则大透镜状	320	50	23	750	1060	80.74	23～6	798	180	0.61
12	不规则似板状	320	50	20	650	810	19.72	17～8	728	399	0.54
13	不规则透镜状、脉状	320	50	19	950	698	23.41	13～24	818	472	0.60

矿石中金属矿物主要有黄铁矿、蓝辉铜矿、铜蓝、硫砷铜矿，其次为辉铜矿、斑铜矿等；脉石矿物主要为石英，次为地开石、明矾石、绢云母，少量重晶石、长石、白云母等。

矿石中主要有用组分为铜，主要赋存于铜的硫化物中。单矿体 Cu 平均品位 0.45%～1.05%，矿床平均品位 0.63%。Cu 在矿体中的分布不均匀，尤其是规模较大的矿体，其品位沿倾向及走向变化较大，常呈多峰跳跃形式出现，矿体分布标高自上而下 Cu 品位呈缓慢的增高趋势。伴生有益组分为 S、Au、Ag、Ga、SO$_3$，平均含量分别为：4.09×10^{-2}、0.18×10^{-6}、6.83×10^{-6}、0.0027×10^{-2}、6.31×10^{-2}，其中 S、Au、Ag 含量自上而下逐步增高，有综合利用价值。有害组分为 As，含量为 $0.046×10^{-2}$，主要赋存于硫砷铜矿中，其他有害组分为 F、Zn、MgO，含量较低。

矿石结构主要有粒状结构、包含结构、固熔体分离结构、交代残余结构，其次有交代填隙结构、交代环圈结构及似文象结构等；矿石构造以脉状、网脉状、细脉侵染状构造为主，其次有角砾状构造、斑点~斑杂状构造、块状构造等。

矿石自然类型主要为花岗岩型硫化铜矿石，矿石量占总矿石量的 81%，其次为隐爆碎屑岩型硫化铜矿石和英安玢岩型硫化铜矿石，分别占总矿石量的 15% 和 4%。矿石工业类型属含硫砷铜的单一硫化铜矿石。

3.2.2.3　矿区水文地质及矿坑涌水量预计

A　矿区水文地质

矿区地势陡峻，突兀于汀江、旧县河交汇处的北部，由侵蚀构造中低山及丘陵盆地组成。区内水系发育，主干河流汀江由北向南流经矿区西部，旧县河由东向南西流经矿区东南部，于矿区南部汇入汀江。区内次级溪沟在平面上呈树枝状展布，主要有 5 条。汇入汀江的有北西侧的 I 号沟（同康沟）、西南部的 II 号沟（二庙沟）和东南部的 III 号沟（小金山沟）。汇入旧县河的有东侧的 IV 号沟（石圳沟）和东北侧的 V 号沟（罗卜岭沟）。

本区北西部以 I 号沟为界，南西至南东以汀江及旧县河为界，东以 V 号沟为界，北以南山及中寮分水岭为界，面积 $36.8km^2$，形成了一个包括补给区、径流区及排泄区的地下水运动系统，为一个独立完整的水文地质单元。紫金山铜金矿区即位于该单元中部的麒麟顶主峰周围。

矿区位于麒麟顶至中寮分水岭中段的西南部，平面面积约 $4.37km^2$。地表由于金矿床采用大型高陡邦露天开采，故变化较大。基岩裸露，地下水水位埋深变化较大，岩石含水性浅部主要受风化作用控制，深部主要受构造裂隙控制。风化带发育地段，岩石透水性较强，含水性相对较好。裂隙发育地段，岩石破碎，含（透）水性也相对较好，反之则差。由于矿区浅部岩石裂隙张开程度较差，以微张状为主，且多被铁锰物质充填、半充填，故岩石富水性较差，以弱~极弱为主，局部可达中等。深部裂隙发育地段，岩石破碎，含（透）水性较好，以弱~中等为主。大气降水是矿区地下水唯一补给来源。风化带裂隙潜水、基岩裂隙承压水是铜矿床的主要充水因素。

B 矿坑涌水量预计

a 坑采部分

坑采地下水涌水量计算如下。

（1）各中段最大涌水量（见表3-2）。

表 3-2 各中段最大涌水量

中段/m	50	0	−50	−100
最大涌水量/m³·d⁻¹	10366	11443	12504	13525

（2）各中段正常涌水量（见表3-3）。

表 3-3 各中段正常涌水量

中段/m	50	0	−50	−100
正常涌水量/m³·d⁻¹	8129	9206	10267	11289

b 露采部分

根据矿区露天开采时各平台承担的汇水面积，分别计算了露天采场内正常日降雨径流量和设计频率 $P=5\%$ 长短历时暴雨径流量（允许淹没时间取 3 天），其计算结果如下。

（1）各平台暴雨径流量（见表3-4）。

表 3-4 各平台暴雨径流量　　　　　　　　（m³）

平台/m	Q_{1h}	Q_{6h}	Q_{24h}	Q_{3d}
532	17882	25035	43982	57223
460	14345	20083	35282	45904
388	11844	16582	29131	37901
316	8339	11675	20511	26686
244	8161	11426	20073	26116

（2）各平台日正常降雨径流量（见表 3-5）。

表 3-5　各平台日正常降雨径流量

平台/m	532	460	388	316	244
$Q/m^3 \cdot d^{-1}$	4018	3224	2662	1874	1834

由于露天采矿在坑下采矿结束时台阶下降至标高 460m 左右，且矿山在标高 330m 设有平硐，因此露天坑标高 330m 以上地下水大部分通过平硐排出，当露天坑台阶下降至标高 330m 以下时，330~184m 台阶地下水通过溜井进入坑下采矿坑内，因此地下水对露天坑的补给量不计入露天坑涌水量之内。

3.2.2.4　矿区水文地质及矿坑涌水量预计

矿区岩石以坚硬半坚硬块状岩类为主，局部夹薄层软弱岩石，可划分为完整坚硬岩组、完整半坚硬岩组、破裂半坚硬岩组和软弱松散岩组 4 个工程地质岩组。完整坚硬岩组分布于标高 697.76m 以下，为铜矿床的主要工程地质岩组，岩石新鲜完整，富水性极弱~隔水，岩石质量好，岩体完整~较完整，工程地质条件好；完整半坚硬岩组分布于 3~15 号线南西端，标高 550~680m，岩石新鲜完整，富水性极弱~弱。破裂半坚硬岩组在矿区北部出露地表，分布于标高 441.33~1041.75m，富水性弱，局部中等，与铜矿体关系不大。软弱松散岩组分布于标高 770.41~1138.13m，仅在地表较平缓低洼地带零星出露，透水性好，工程地质条件差，与铜矿体基本没有联系。

矿区岩石Ⅳ级结构面发育，以北西、北北西向为主，北东、北东东向次之。较易引起硐室顶板塌落和边坡失稳。

矿区铜矿体埋深大，大部分埋藏于标高 640m 以下的弱风化带及原生带中。矿体及其顶底板岩性基本相同，主要为中细粒花岗岩及隐爆角砾岩和英安玢岩，单轴抗压强度 31.1~141.9MPa，属中坚硬~坚硬岩石。探矿支护坑道仅占坑道长的 0.18%~0.38%，矿体及其顶底板岩石为稳固~基本稳固，一般不易发生不良工程地质现象。矿床工程地质条件属以坚硬半坚硬块状岩类为主的简单类型。

3.2.2.5　矿床环境地质条件

矿区位于区域稳定地段，地震烈度属 6 度区。矿区地下水酸碱度以中性为主，地表水及矿坑水酸碱度多为弱酸性或强酸性水，对附近的地表水体有一定的污染，污染离子主要为 SO_4^{2-}、As^{2+}、Cu^{2+}。汀江、旧县河水质虽属

Ⅰ、Ⅱ级，但有向Ⅱ、Ⅲ级转化的趋势。矿石及矿渣化学成分不稳定，易于氧化，对周围环境有一定的污染。矿区地势高，气候条件恶劣，为雷区，常有暴风雨发生，并易引发山洪及泥石流。坑道施工通风不良时，产生氡气的聚集，对人体有一定的辐射作用。矿床环境地质条件属中等~不良类型。

3.2.2.6 矿区资源/储量

A 工业指标

由南昌有色冶金设计研究院推荐的工业指标见表3-6。

表 3-6 工业指标

项目	上部露天开采	深部地下开采
开采块段尺寸/m×m×m	12×12×12	60×15×100
工业矿石：块段最低品位/%	0.4	0.4
低品位矿石：块段最低品位/%	0.25	0.25
含铜废石：块段最低品位/%	0.1	
剥采比/t·t⁻¹	≤7	

B 保有资源/储量

紫金山铜矿工业矿石保有资源/储量估算结果见表3-7。

表 3-7 紫金山铜矿保有资源/储量

矿石	资源/储量类别	矿石量/t	金属量/t	品位/%
工业矿石	（111b）	13339257	83723	0.63
	（122b）	77563569	451845	0.58
	332	42675517	266797	0.63
	333	50157945	314486	0.63
	小计	183736288	1116851	0.61

3.2.3 岩石力学

3.2.3.1 岩体稳定性的地质背景

矿区位于紫金山矿田复式岩体中部，北东向的金山脚下-中寮断裂和北西向的铜石下-紫金山断裂交汇部位，大致为紫金山火山机构范围，面积4.37km²。仅在矿区北西角出露少量的楼子坝群浅变质岩，主要岩性为变质粉砂岩和千枚岩，已受较强的硅化、绢云母化和黄铁矿化。地层走向北东，倾向北西，倾角 50° 左右。与燕山早期似斑状中粗粒花岗岩呈断层接触。

A   地层

主要出露震旦统楼子坝群、上泥盆统-石炭系、白垩系和第四系全新统地层。

震旦统楼子坝群：分布于矿区中西部同康一带，为地槽型浅~深海沉积复理石建造细碎屑岩类，经区域变质形成的浅变质岩系。主要岩性为千枚岩、千枚状粉砂岩、变质细砂岩等，是本区的基底地层。

上泥盆统-石炭系：主要分布于矿区西北部的官庄和东南部的旧县一带，不整合于基底地层楼子坝群之上。包括：（1）上泥盆统天瓦崟组和桃子坑组，为河口相-滨海相碎屑沉积；（2）下石炭统林地组为陆相、海相、海陆交互相碎屑沉积，主要岩性为石英砂砾岩、砂岩和粉砂岩；（3）中石炭统黄龙组白云质灰岩假整合于林地组之上；（4）上石炭统船山组为大理岩、大理岩化灰岩。林地组与黄龙组界面附近是闽西南地区铁、锰和多金属的重要含矿层位。

白垩系：下统为石帽山群下组、上统为沙县组和赤石群，主要分布于矿区南部的上杭盆地。石帽山群是一套陆相火山沉积岩，分上、下两个组：下组下段为含角砾凝灰岩、晶屑凝灰岩等，上段为流纹岩、流纹质晶屑凝灰熔岩、粗面岩，是本区最重要的铜金含矿层位。沙县组和赤石群为红色复陆屑建造，主要为紫红色砂砾岩、粉砂岩夹凝灰质砂岩、粉砂岩，是砂岩型铜矿矿化层位。此外，还零星分布上三叠统文宾山组沉积岩。

第四系全新统：由砂质层及砂质黏土层组成，分布于沟谷阶地。

B   构造

矿区范围内断裂构造比较发育，长度大于 300m 的划为 Ⅱ 级结构面，属区域性构造，以北东向和北西向断裂为主，其次是北北东向和东西向断裂；除断裂构造外，北东、北西向两组节性裂隙构造十分发育，互相交切，遍布全区。区域性断裂构造共有 5 条，编号分别为 F_{1-4}、F_{1-5}、F_{2-10}、F_{4-1}、F_{3-5}。

（1）北东向断裂（F_{1-4}、F_{1-5}）：

1）F_{1-4} 断裂地貌上为深切沟谷，扭性裂隙带沿构造带发育，带内岩石较破碎，没有大的位移；长约 1000m，走向 50°，倾向东南，倾角 75°~80°。

2）F_{1-5} 断裂通过矿区东南角 40 线两侧，长约 800m，走向 50°，向南东陡倾，倾角 70° 左右，总体显示南东盘下降和北西盘抬升，是控制火山机构东部的边界断裂。

（2）北西向断裂（F_{2-10}）：该断裂分布于矿区西南，规模较大，长约800m，走向320°，倾向北东，倾角45°～70°。构造带宽度>5m，被角砾岩及石英斑岩充填，具压张性。

（3）北北东向断裂（F_{4-1}）：F_{4-1}断裂分布于矿区西部3～19号线，长1000m，走向20°～25°，倾向南东，倾角35°～70°，延伸800m以上，大部分为燕山晚期石英斑岩所充填，宽数十厘米至20多米，为张扭性。

（4）东西向断裂（F_{3-5}）：该断裂分布于矿东南角，常由构造裂隙密集带组成，长约800m，宽1～5m，局部宽达10m，走向90°左右，倾向北，倾角60°～80°，具压扭性。

C 节理裂隙

矿区节理裂隙也十分发育，尤其在花岗岩中特别发育，裂隙线密度分别为：花岗岩100条/m；隐爆碎屑岩10条/m；英安玢岩7条/m。节理裂隙主要是一对共轭扭裂面，为北西、北东向的两组。北东向节理裂隙为密集裂隙，走向60°～70°，倾向南东，倾角80°，全区均发育；北西向构造裂隙为矿区内最发育的一组节理，形成长2km，宽1.2km的裂隙～隐爆角砾岩脉、英安玢岩脉密集带，其总体走向320°，倾向北东，倾角浅部50°～60°，深部20°～30°，裂隙间隔<1m。

近期边坡勘察完成节理裂隙统计点46个。F_1～F_{155}为边坡勘察发现的结构面，长度小于300m，划为Ⅲ级结构面；长度小于20m的节理裂隙划为Ⅳ级结构面。

根据节理裂隙测量统计资料显示，采场内节理裂隙优势方位主要以0～60°∠50°～63°、110°～170°∠31°～80°、210°～250°∠35°～78°、310°～340°∠45°～80°四组为主。断裂特征见表3-8。

表3-8 断裂特征表

断裂编号	产状要素			规模/m		断层性质	主要特征
	走向/(°)	倾向	倾角/(°)	长	宽		
F_{1-4}	50	ES	75～80	1000	0.03～0.05	张性	地貌上为深切沟谷，张扭性裂隙带沿构造带发育，带内岩石较破碎，泥质充填，没有大的位移

断裂编号	产状要素			规模/m		断层性质	主要特征
	走向/(°)	倾向	倾角/(°)	长	宽		
F₁₋₅	50	ES	70	800		压性	向南东陡倾，总体显示南东盘下降和北西盘抬升，是控制火山机构东部的边界断裂；通过矿区东南角40线两侧
F₂₋₁₀	320	NE	45~70	800	1.0~5.0	压张	该断裂分布于矿区西南，规模较大。构造带内被角砾岩及石英斑岩充填，具压张性
F₄₋₁	20~25	SE	35~70	1000	0.5~20.0	张扭	断裂分布于矿区西部3~19号线，延伸800m以上，大部分为燕山晚期石英斑岩所充填，宽数十厘米至20多米，为张扭性
F₃₋₅	90	N	60~80	800	1.0~10.0	压扭	该断裂分布于矿东南角，常由构造裂隙密集带组成

　　矿山围岩特征包括风化特征、边坡岩体蚀变特征及不良工程地质现象，具体表现为：

　　（1）风化特征。矿区岩石风化带按风化程度分为强风化和弱风化2个带。

　　1）强风化带。矿区强风化带不甚发育，主要分布于矿区的西南部、南部，北东仅零星出露。埋深一般小于50m。平均16.12m，最大大于190.71m。岩石强烈风化，岩芯多呈块状、碎块状，有的呈松散的砂土状。岩石块度多数为5~15mm，岩芯采取率低。RQD<25%，工程地质条件差。

　　2）弱风化带。矿区弱风化带普遍较发育。南及南西部发育较深，可达到标高450~600m。弱风化岩石为硅化中细粒花岗岩、隐爆角砾岩、英安玢岩等。岩体结构以镶嵌结构为主，局部为碎裂结构。RQD为25%~75%，岩石质量劣~中等。工程地质条件差~中等。

　　（2）边坡岩体蚀变特征。边坡岩体蚀变特征主要表现为蚀变范围广，蚀变强度大，蚀变类型多，且蚀变类型相互组合，成带分布。主要蚀变类型为硅化、绢云母化、明矾石化、地开石化。根据蚀变矿物组合类型的空间分布，金矿床附近岩体由北东至南西分别为强硅化蚀变带、石英+明矾石蚀变带、石英+地开石+明矾石+绢云母蚀变带。

（3）不良工程地质现象。紫金山露天采场除局部边坡和台阶边坡发生不同程度的破坏外，目前还未发现有较大规模的整体边坡破坏。矿区产生的不良工程地质现象主要为自然山坡山沟产生的泥石流和基岩陡坡地段的崩塌，以及由于坑下采空区顶板跨落引发的地表沉陷。

3.2.3.2 矿岩物理力学性质

根据地质资料提供的试验数据，各主要矿岩、岩石的物理力学指标见表3-9。

表3-9 各主要矿岩、岩石的物理力学指标

蚀变	岩性	项目										
		采样标高/m	抗压强度(风干)/MPa	抗剪程度(风干)/MPa	抗剪断强度(风干)		弹性模量(风干)/MPa	泊松比(风干)	密度/t·m⁻³	容重/t·m⁻³	孔隙率/%	吸水率/%
					内摩擦角φ	凝聚力/MPa						
硅化	中细粒花岗岩	820	2.5	4.6	49°41′	2.7	3.3×10⁴	0.21	2.72	2.35	11.55	5.04
		780	29.0	4.1	37°25′	5.4	3.9×10⁴	0.22				
		770	43.4	11.2	35°01′	11.6	6.1×10⁴	0.27				
		520	141.9		45°27′	16.5			2.76	2.70	0.35	0.13
黄铁矿化明矾石化	中粒花岗岩	560	78.7	16.5	39°57′	25.6	13.0×10⁴	0.11				
			55.3	10.0	38°16′	9.4	9.5×10⁴	0.25				
蓝辉铜矿化硅化			104.2	13.5	33°01′	16.7	11.1×10⁴	0.31		2.64	1.03	0.39
			47.9	5.4	34°52′	10.2	4.1×10⁴	0.26				
明矾石化硅化			59.4		48°15′	13.2			2.76	2.63	5.20	1.99
		520	60.8		40°53′	13.8			2.70	2.54	4.72	1.85

续表 3-9

蚀变	岩性	采样标高/m	抗压强度（风干）/MPa	抗剪程度（风干）/MPa	抗剪断强度（风干）		弹性模量（风干）/MPa	泊松比（风干）	密度/t·m⁻³	容重/t·m⁻³	孔隙率/%	吸水率/%
					内摩擦角φ	凝聚力/MPa						
硅化	花岗质隐爆角砾岩	800	64.9	14.4			6.3×10⁴	0.28				
			70.2	17.2	39°01′	20.5	7.3×10⁴	0.20				
		520	65.2		46°20′	10.5			2.81	2.67	1.98	0.74
硅化	成分隐爆角砾岩	800	113.0	15.1	48°07′	15.7	9.9×10⁴	0.26	2.72	2.66	0.88	0.33
		560	76.2	9.8	33°36′	17.6	11.5×10⁴	0.25				
		520	88.6		48°51′	15.2			2.79	2.72	2.13	0.78
			95.9		44°36′	15.1			3.04	2.77	1.72	0.62
黄铁矿化硅化	英安玢岩	560	80.0	17.0	31°32′	28.5	13.6×10⁴	0.34		2.76	1.48	0.54
绢云母化硅化		520	31.1	7.7	46°39′	5.1	2.4×10⁴	0.12	2.78	2.48	9.95	4.00
花岗岩型硫化铜矿石		560	113.7	19.2	39°33′	21.2	11.1×10⁴	0.18		2.71	2.00	0.74
			53.7	15.9	38°25′	17.9	14.7×10⁴	0.11				
构造碎裂岩		800	66.6	11.5			2.6×10⁴	0.05				

3.2.3.3　岩体工程地质划分

矿区岩石以坚硬半坚硬块状岩类为主，岩石结构类型主要为块状、镶嵌、碎裂结构，少量为散体结构，平面上矿区北部岩石普遍较坚硬，属碎裂半坚硬工程地质岩组；南部浅部岩石较软弱，属软弱工程地质岩组。在剖面上，受风化对地质结构的影响，矿区岩石呈自上而下由碎裂至坚硬的渐变关系。

按岩石的完整程度和坚硬程度，结合岩性组合，岩石的物理力学指标及开采范围划分为 4 个岩组：

（1）完整坚硬的工程地质岩组。单轴抗压强度 $R_C \geqslant 60MPa$，RQD $\geqslant$ 75%，裂隙少于2组，间距>1m。主要由强硅化、硅化中细粒花岗岩，硅化隐爆角砾岩，明矾石化、绢云母化、硅化中细粒花岗岩及隐爆角砾岩组成。分布于标高697.76m以下，埋深多在265~356m以下，为铜矿床的主要工程地质岩组。岩石新鲜完整，富水性极弱~隔水，局部弱，岩石质量好。岩芯呈特长柱状~长柱状为主，岩体较完整~完整，工程地质条件好。

（2）完整半坚硬的工程地质岩组。单轴抗压强度 $R_C = 30 \sim 60MPa$，RQD $\geqslant$ 75%，裂隙少于2组，间距>1m。多由硅化、明矾石化、绢云母化中细粒花岗岩，硅化花岗质隐爆角砾岩，强硅化英安玢岩组成。主要分布在3~15号线南西端一带，标高550~680m，厚度一般26~80m，最大厚度137m，最小厚度6m，平均厚度64m。岩石新鲜、完整，富水性极弱~弱，岩芯以特长柱状~柱状为主，工程地质条件好。

（3）破裂半坚硬的工程地质岩组。单轴抗压强度 $R_C = 30 \sim 60MPa$，RQD = 30%~75%，裂隙多于3组，间距<0.5m。主要由弱风化、绢云母化、明矾石化、地开石化碎裂岩石组成。在矿区北部直接出露地表，分布于标高441.33~1041.75m，埋深0~270m的弱风化带中。为上部金矿床的主要工程地质岩组，工程地质条件较好。

（4）软弱、松散的工程地质岩组。单轴抗压强度 $R_C < 10MPa$，$\tau <$ 0.1MPa，主要由强风化带、软弱构造碎裂岩及第四系松散层等组成。仅在地表较平缓、低洼地带零星出露。工程地质条件差。

工程地质岩组、岩石、岩体质量等级见表3-10。

表3-10　工程地质岩组、岩石、岩体质量等级

岩组名称	代表岩性	岩石质量指标 RQD/%			单轴抗压强度 R_C/MPa	坚硬系数 $S = R_C/100$	岩体质量等级
		最小	最大	平均			
完整坚硬的工程地质岩组	明矾石化（绢云母化）、硅化中细粒花岗岩	22.97	100	81.84	141.9	14.19	优
	花岗岩型硫化铜矿石	75.0	100	86.0	113.7	11.37	优
	硅化隐爆角砾岩	31.58	79.63	75.43	88.6~95.9	8.86~9.59	良
	弱铜矿化、明矾石化、硅化中细粒花岗岩	0	100	88.76	141.9	14.19	优

岩组名称	代表岩性	岩石质量指标 RQD/%			单轴抗压强度 R_C/MPa	坚硬系数 $S = R_C/100$	岩体质量等级
		最小	最大	平均			
完整半坚硬的工程地质岩组	明矾石化（绢云母化）、硅化中细粒花岗岩	0.00	100	86.68	30~60	3~6	中等~良
	铜矿石	75	100	86.0	53.7	5.37	良
	弱铜矿化、明矾石化、硅化中细粒花岗岩	20.27	100	80.41	30~60	3~6	中等~良
	硅化隐爆角砾岩	43.89	100	78.34	30~60	3~6	中等~良
碎裂半坚硬的工程地质岩组	碎裂中细粒花岗岩	0.00	100	65.80	26.5~43.4	2.65~4.34	中等
	硅化（花岗质）隐爆角砾岩	0.00	100	68.76	3~60	3~6	中等~良
	英安玢岩	0.00	100	40.75	31.1	3.11	中等
软弱的工程地质岩组	构造破碎带，软弱带	0.00	43.60	0.61	<10	<1.0	坏

3.2.4 露天开采

3.2.4.1 开采范围

上部金矿体的西北矿段和东南矿段，下部 148m 标高以上铜矿体。

3.2.4.2 开采方法选择

A 矿体产状

紫金山矿区属特大型金铜共生矿床，其矿化带具有典型的上金下铜垂向倾斜分布特征，金铜矿床分界线大致在潜水面 650m 标高。矿区内地形切割强烈、地势陡峻；紫金山主峰最高点海拔标高 1138m，矿区南端及西北侧最低标高约 300m，矿床附近大部分地形标高在 500m 以上，矿区附近最低侵蚀基准面标高为 188.9m（矿区西侧的旧县河谷）。

金矿床主要赋存于潜水面以上的风化带中，分布范围较铜矿床小，平面上主要分布在矿区西南侧 15~14 号线之间，长约 750m，宽约 800m；垂向分布标高在 568~904m。

铜矿床主要分布于北西向构造裂隙带中，以隐伏似层状、透镜状叠加极厚形态产出并赋存于金矿下部 NE 侧的倾斜方向上，剖面上从 SW 向 NE 自下而上呈右形"叠瓦状"斜列。矿体上覆岩层较厚（平均达200m以上），并在金矿露采坑底的垂直下方普遍存在约50m高的无矿间隔带。铜矿床平面分布范围在27~16号线之间，共有大小矿体20个；其中主矿体5个，平均厚度多大于40~80m，主矿体储量约占总量的87%。各矿体总体走向NW、长650~900m、宽650~1200m，倾向NE、倾角上陡下缓、大部分为20°~35°，矿体垂直赋存标高为850m（NE端）~-65m（SW端）；15~4号线（长约500m）+650~+100m之间为矿体富集地段，+650m以上和+100m以下矿体分布稀散。该铜矿床属第Ⅲ勘探类型，各主矿体沿倾向及走向上具有厚度和品位变化大的特点，由于矿化不均、富矿体不连续，矿体中形成大量厚度大于8~20m、产状近似矿体的弱矿化夹层或无矿天窗，使主矿体在走向和倾向上常分为3~5个分枝矿体或又重新复合成厚大矿体，造成矿体形态复杂。总的趋势是11~0号线附近SW侧矿体巨厚，其余地段矿体相对较薄或分散。品位则按赋存标高呈自上而下逐渐增高。

B 矿床工程地质水文地质条件

矿床工程地质条件属坚硬半坚硬块状岩类为主、局部夹薄层软弱岩石的简单类型。区内中风化带以上矿岩多具碎裂构造，细微裂隙发育、节理密度大、岩体强度及稳定性稍差。铜矿床主要埋藏于潜水面（+650m）以下的弱风化带及原生带中，裂隙发育程度逐渐变弱。铜矿体与顶底板围岩性质相同；主要是中细粒花岗岩（占81%、$R_C = 26.5 \sim 141.9MPa$、$RQD \geqslant 75\%$，属完整硬岩类），次为隐爆角砾岩（占15%、$R_C = 88.6 \sim 95.9MPa$、$RQD \geqslant 50\% \sim 70\%$，属完整半坚硬岩类）和少量英安玢岩（占4%、$R_C = 31.1MPa$、$RQD \leqslant 50\%$，属软弱松散岩类）。除少量英安玢岩及构造破碎带外，上述矿岩质量指标RQD值一般均大于75%，矿岩稳定性好，矿石自然类型主要为原生矿、不结块、不自燃。

此外，矿区内亦无大的地表水体，大气降水是矿区地下水的唯一补给源，区内地势陡峻，有利于自然排水；岩石裂隙富水性（风化带裂隙潜水呈酸性或强酸性，基岩裂隙承压水为中性）以弱为主，局部可达中等。

总之，矿床水文及工程地质条件均属简单类型。

C 矿山生产现状简介

经多次技术改造，上部金矿体已成为一个大规模露天开采的金矿山；下部铜矿体于2003年开始了10000×10⁴t/d的坑采建设，于2005年12月建成投产。矿山于 2006 年开展了金铜矿联合开发设计和建设。目前，矿山年采矿量：金矿（包括低品位金矿石）约 $4.5 \times 10^4 t/d$，铜矿井下开采约 $165 \times 10^4 t/a$。

金矿采用汽车、汽车-溜井-平硐电机车和汽车-溜井-平硐胶带等多种运输方式分别运往一选厂、二选厂和三选厂，每年剥离量约 $3600 \times 10^4 t$（包括铜矿的基建剥离量），废石用汽车运往北口废石场排弃。采矿场最低已采至688m 标高，最高标高仍在 1000m 左右，开采高差大；铜矿井下矿石采用溜井-平硐电机车运输系统运往破碎厂处理。

根据拟定的开采范围和矿床开采技术条件、矿山生产现状，设计沿用大规模露天开采方式，以充分利用紫金山铜矿选冶成本低的优势，充分回收低品位的铜矿石资源、增加产量、降低成本。因此，确定铜矿上部矿体在技术可行、经济合理的情况下，尽可能采用露天方式开采。

3.2.4.3 露天开采生产参数

A 露天开采境界确定

a 金矿露天开采境界

金矿开采对象是品位 0.2g/t 以上的含金矿物，其中品位 0.2~0.5g/t 的作为低品位金矿石综合回收。根据金铜矿联合开采初步设计确定的金矿露天开采终了境界，截至 2008 年底，金铜露天开采境界内保有金矿储量共有 $21434.99 \times 10^4 t$，其中品位 0.5g/t 以上工业矿量 $8681.78 \times 10^4 t$，品位 0.2~0.5g/t 的低品位矿石 $12753.21 \times 10^4 t$。

b 铜矿露天开采境界

按照开采工艺、设备选型和确定的台阶坡面角和平台宽度等参数，在维持坑底标高 148m 不变的前提下，设计圈定了最终境界并计算了矿岩量等。终了境界参数见表 3-11。

表 3-11 铜矿开采境界参数

区号	主控剖面	边坡结构参数		总体边坡角
A 区	2-2	4m、4m、15m		42.44°
B 区	3-3	460m 以上	13m、13m、30m	41.92°
		460m 以下	5m、5m、20m	
	4-4	6m、6m、20m		42.0°

续表 3-11

区号	主控剖面	边坡结构参数		总体边坡角
C 区	5-5	4m、4m、15m		39.62°，其中 148~676m 阶段边坡角 42.53°
D 区	1-1	604m 以上	10m、10m、30m	44.37°
		604m 以下	6m、6m、20m	
	6-6	604m 以上	10m、10m、30m	45.88°
		604m 以下	5m、5m、20m	
台阶高度		m		12
道路宽度		m		14~21
道路坡度		%		8~10
缓坡段长度/坡度		m/%		60/0
最小转弯半径		m		25

露天开采终了境界内矿石含铜最低品位为 0.1% 以上（包括 0.1%）的探明+控制的储量和 80% 推断资源量，其中品位 ≥0.40% 的为工业矿石、0.25%~0.40% 的为低品位矿石、0.1%~0.25% 的为含铜废石，含铜品位 <0.10% 的为纯废石。

根据设计的铜矿开采境界，以矿山提供的 2008 年末现状地形图（电子版）为开采现状，进行了金铜矿境界内的矿岩量及品位分级统计（推断资源量按 80% 利用）。铜矿体工业矿量（≥0.40%）为 11160.19×10⁴t，平均品位为 0.586%，低品位矿量及含铜废石量（0.1%~0.40%）为 33386.14×10⁴t，平均品位为 0.222%，境界内废石量为 47627.84×10⁴t（为金铜联合境界岩量，含金矿境界岩量），平均剥采比为 1.46t/t（低品位矿石和含铜废石按非矿非岩计算）。

B　采剥工作

a　采剥工艺

根据矿山的地形条件、矿体产状、开拓运输系统和矿山现状，为确保逐年产量、减少基建剥离量、均衡生产剥采比的要求，采场的采矿为缓帮、剥岩作业采用组合台阶的陡帮工艺，组合台阶每组一般由 2~3 个台阶组成，且一般 3~5 个组合台阶同时作业，工作帮坡角一般为 24°~28°。

采剥作业主要结构要素如下：

（1）工作台阶高度：12m；

（2）工作台阶坡面角：75°；

（3）最小工作平台宽度：30～40m；

（4）临时非工作平台宽度：10～15m；

（5）堑沟最小底宽：25m；

（6）液压挖掘机工作线长度：50～100m。

b　采剥作业

矿山采剥作业拟采用外委与自营相结合的方式完成，为了达到预定的生产规模，拟推荐选择下述采剥参数及相应采剥设备。

（1）穿孔爆破。根据矿岩物理机械性质、采剥工艺、生产规模、设备台效及设备配套作业情况，选用 ϕ138～165mm 的 KQG-150、CM351 潜孔钻为主要穿孔设备。炮孔采用矩形或梅花形布置，孔网一般为采矿 5.5m×4.5m，剥岩 6.5m×5.5m。为了减少爆破次数、提高爆破效率和改善爆破质量，设计采用大区微差爆破，非电导爆系统起爆。炸药采用铵油炸药和乳化炸药，拟用 2 台 12t 铵油炸药装药车进行现场装药。

矿石最大块度为 1000mm，大块率 4%；废石尽量不进行二次破碎，其大块率 1%。大块集中堆放，考虑采区附近的工业场地安全，用液压破碎锤进行二次破碎，爆破安全距离为 200m。

（2）装载运输作业。采用斗容 4.6m³ 的 CAT 374 型液压挖掘机和斗容 2.1m³ 的 VOLVO 0480 型液压挖掘机为主要装载设备，利用 PC400-6 型液压挖掘机配合矿体边缘处的采矿装载作业。充分利用采剥作业外包体制，整合好外协单位的设备分区域进行采剥作业，采场内中小型设备作业具有上下平台移动灵活、调度方便，维修简单，运行、维护成本较低等优点。

采用载重 91t 矿用自卸汽车运输。矿山采剥作业外委时，设备的规格、型号必须满足生产及安全的要求。

（3）辅助作业。为确保穿孔爆破、铲装和运输等主要作业的正常运行，使设备效率充分发挥，充分利用矿山现有辅助设备，完成工作面平整、爆堆集堆、道路修筑和维护、终了边坡的预裂爆破和维护、道路和炮堆的降尘洒水等。

3.2.5 地下开采

3.2.5.1 开采范围

根据矿床地质勘探程度和工业矿体的分布特征，结合上部露采最终坑底标高（+148m）和生产规模及坑采范围的要求，确定坑采范围为 0~13 号勘探线，标高为+100~−100m。

+100~−100m 坑采范围内保有（332+333）类资源储量为 $2426.66×10^4t$（其中：332 类占 70.2%，333 类占 29.8%），平均地质品位 Cu 0.658%。

3.2.5.2 开采方式

开采范围+100~−100m 矿体上部地形标高多在+700m 以上，上部露采经境界参数优化最终坑底标高为+148m；+148m 以下为隐伏桶状矿体并与上部露采坑底矿体在平面上多呈错位分布，若沿用露天开采，则剥岩量太大；故该范围矿床只适宜采用地下开采方式。

3.2.5.3 开采技术条件

紫金山矿区属特大型金铜分离共生矿床，其矿化带具有典型的上金下铜垂向倾斜分布特征，金铜矿床分界线大致在潜水面+650m 标高。矿区内地形切割强烈、地势陡峻；紫金山主峰最高点海拔标高+1138m，矿区南端及西北侧最低标高约+300m，矿床附近大部分地形标高在+500m 以上，矿区附近最低侵蚀基准面标高为+188.9m（矿区西侧的旧县河谷）。

金矿床主要赋存于潜水面以上的风化带中，分布范围较铜矿床小。平面上主要分布在矿区西南侧 15~14 号线之间，长约 750m，宽约 800m；垂向分布标高在+594~+1016m。铜矿床主要分布于北西向构造裂隙带中，以隐伏似层状、透镜状叠加极厚形态产出并赋存于金矿下部 NE 侧的倾斜方向上，剖面上从 SW 向 NE 自下而上呈右形"叠瓦状"斜列。铜矿床平面分布范围在 27~16 号线之间，共有大小矿体 20 个；其中主矿体 5 个，平均厚度多大于 40~80m，矿体垂直赋存标高为+850~−100m 以下。

开采矿带为位于紫金山矿区西北矿段 0 号矿带下盘南西侧的 XI 矿带；主要开采对象为 XI 号矿带的 3、4、1 号主矿体。XI 号矿带各矿体总体走向为 NW285°，走向上各矿体水平投影叠加长度为 450~600m，宽为 50~150m，矿体倾向 NE，倾角 30°，矿体垂直赋存标高为+208~−200m 以下。

矿床工程地质条件属坚硬半坚硬块状岩类为主、局部夹薄层软弱岩石的简单类型。+100～-100m 铜矿床主要埋藏于潜水面以下的原生带中，裂隙发育程度较弱。铜矿体与顶底板围岩性质相同；主要是中细粒花岗岩（占81%、R_C=26.5～141.9MPa、RQD≥75%，属完整硬岩类），次为隐爆角砾岩（占15%、R_C=88.6～95.9MPa、RQD≥50%～70%，属完整半坚硬岩类）和少量英安玢岩（占4%、R_C=31.1MPa、RQD≤50%，属软弱松散岩类）。除少量英安玢岩及构造破碎带外，上述矿岩质量指标 RQD 值一般均大于75%，矿岩稳定性好、抗压强度高，现有平硐亦大部分尚未支护。矿石自然类型主要为原生矿，不结块、不自燃。

此外，矿区内亦无大的地表水体，大气降水是矿区地下水的唯一补给源，区内地势陡峻，有利于自然排水；岩石裂隙富水性（风化带裂隙潜水呈酸性或强酸性，基岩裂隙承压水为中性）以弱为主，局部可达中等。本期坑采工程结束时，上部露天仅在+436m 标高进行开采，中间有 300 多米厚的岩体可以作为隔离矿柱。另外，露天坑和坑采矿体在平面上是错位分布的。为尽量减少露天坑废水渗入井下，矿山可利用+330m 原有井巷工程将此露天坑废水截排出地表。

总之，矿床工程及水文地质条件均属简单类型。

3.2.5.4　开采顺序

由于胶带斜坡道已掘达-150m 标高，而且矿体下部品位比上部高，先采下部矿石，可以提高矿山投产初期的经济效益和有利于充填接顶，此外，也便于利用上部掘进废石充填下部的采空区。故开采顺序总体要求为：垂高方向由下中段向上中段回采。相邻两个中段同时回采时，禁止在上下对应的采场同时回采，对一步矿房胶结采场而言，只有采充完下部矿房并经充填养护达到强度后才准回采上部矿房。上下中段的矿房和矿柱不仅应尽量对应，其规格亦应尽量相同，使矿房采空和充填后能在开采范围内沿垂高方向形成较连续的同类胶结充填体，即能使其作为开采区域内的竖向条带保安矿柱（胶结体）。同一中段内按"隔二采一"方式先采矿房后采矿柱，沿走向为由东向西后退式开采。

3.2.5.5　开采方法

根据紫金山铜矿矿岩稳固、矿体厚大、品位较低以及近矿围岩含有一定铜品位等特点，结合考虑坑采期间上部露天尚在+436m 标高以上进行开采，为确保露天边坡的安全稳定和坑露并采的生产安全，采用分矿房矿柱两步骤回采的大直径深孔阶段空场嗣后充填采矿法，作为该矿主要的采矿方法（占矿量比例约为 75%），对局部垂高小或稍薄地段的矿体则采用中深孔分段空场嗣后充填采矿法（占矿量比例约为 25%）。

A　大直径深孔阶段嗣后充填采矿法

a　矿块结构和采切工程

（1）矿块结构。矿块一般为垂直走向布置，分矿房矿柱两步骤回采。如前所述，Ⅱ、Ⅲ级矿岩体跨度可达 10~20m，故矿房尺寸暂定为长（50~75）m×宽 15m×高 100m，矿柱长（50~75）m×宽 15m×高 100m，可根据采矿方法试验进行调整。沿采场高度 100m 分两段（每段高 50m）凿岩。

（2）采切工程。自中段水平（亦为拉底水平）无轨运输巷沿矿房、矿柱中央向采场长轴方向分别布置一条拉底凿岩巷道和出矿回风联络道（作为矿柱回采时的拉底凿岩巷道）与出矿水平回风道相连，并沿出矿联络道隔 10~12m 以 45°角掘一条矿房装矿进路。相邻矿柱回采前再在矿房底部胶结充填体内掘砌出矿联络道和矿柱装矿进路。

在矿块中、上部凿岩水平无轨巷道沿矿房、矿柱中央向采场长轴方向各掘一条凿岩巷道通达凿岩硐室边界并掘通凿岩水平回风道，再以凿岩巷道为自由面扩帮切采，即可分别形成矿房、矿柱的凿岩硐室（硐室高 4.1m）。为确保安全，硐室除一般采用光面爆破和锚喷支护外，还需沿硐室长轴留设适当的矿柱以支撑硐室顶板。

在拉底凿岩巷道端部掘进切割小井，再以中深孔扩帮爆破形成平底拉底空间。待上中段对应采场回采时，下部矿块上端的凿岩硐室又转成上部采场的拉底空间。

b　采充工艺和设备选择

回采分两步进行，第一步回采矿房，第二步回采矿柱。视爆破对相邻采场的影响采用隔二采一或隔三采一的回采方式。

凿岩选用瑞典 Simba 261 型潜孔钻孔（国产 T-150 潜孔钻机作为备用），在凿岩硐室内以（2.7~3）m×（2.5~3）m 的网度凿下向垂直深孔。炮孔直径 φ165mm，采场炮孔一次凿完，凿岩效率 35m/（台·班）（900t/（台·班））。采用乳化油炸药和非电导爆起爆系统，间隔装药，VCR 深孔掏槽，由下而上梯段式分段侧向崩矿。

一、二步骤采场（矿房、矿柱采场）回采工艺基本相同，但为在回采凿岩中不破坏二步采场凿岩硐室的稳定，拟对靠近硐室两侧的第 1~2 排边孔凿成斜孔，以确保回采凿岩的安全。

出矿采用平底结构、进路装矿的形式。爆下矿石集中在采场底部，装矿进路口用 TORO-400E 型铲运机装运矿石入 MT2010 型卡车，再运至主溜井，最后用遥控铲运机清理采场内的残矿。铲运机综合出矿效率为 500t/（台·班），矿块综合生产能力为 1000t/d。

待矿房矿石全部出完后，集中一次用分级尾砂胶结充填。为便于在充填体内掘砌出矿假巷，空区顶底部各约 6m 高的地段采用灰砂比为 1∶4，其余高度地段灰砂比取 1∶10。待两面或三面矿房采完并用分级尾砂胶结充填好并经养护达到了强度后，矿柱用回采矿房的方式进行回采出矿；充填用分级尾砂或坑内废石非胶结充填，仅在顶、底部高各约为 6m 的地段采用灰砂比为 1∶4 的胶结充填。

新鲜风流主要由 +330m 水平双平硐经盲副井和充填进风井进入各中段凿岩硐室和出矿巷道等工作面，污风由局扇引入回风平巷并经中段回风井巷排出地表。

B　中深孔高分段空场嗣后充填采矿法

a　矿块结构和采切工程

（1）矿块结构。矿块一般垂直走向布置。矿块长即为矿体水平厚度，宽30m，其中，矿房宽为 15m，间柱宽 15m；采场高 50m，分 3 个分段，每段16~17m。

（2）采切工程。分段巷道布置在下盘脉外，通过采区斜坡道使其上下连通。在出矿水平上部的分段巷道中沿矿房、矿柱中央向矿体上盘掘分段凿岩巷道及联络道。从中段出矿水平沿矿房矿柱中央向矿体上盘分别掘进一条拉底凿岩巷道和出矿穿脉并与上盘回风道相连通。在矿柱出矿穿脉巷道中每隔10~12m 以 45°角掘一条矿房装矿进路。

在矿房拉底凿岩巷道的端部掘进切割短巷及小井，再扩帮即形成切割槽和平底拉底空间。在回采相邻矿柱前，则由矿柱出矿穿脉及端部短巷和小井进行扩帮形成切割槽和平底拉底空间，并在矿房底部胶结充填体内掘好矿柱出矿假巷。

b　回采工艺和设备选择

回采分两步进行，第一步回采矿房，第二步回采矿柱。视爆破时对相邻采场的影响采用隔二采一或隔三采一的回采方式。

　　凿岩采用 SimbaH 1354 型中深孔凿岩台车（国产 T-100 钻机作为备用），在分段凿岩巷道中平行切割槽凿上向扇形中深孔，排距为 1.5m，孔底距 1.5~2m，孔径 $\phi65~70$mm，中深孔凿岩台车台班效率 600t。爆破用粒状铵油炸药，人工或装药器装药，非电导爆系统起爆，每次爆 2~3 排孔，可以多分段同时侧向崩矿，并使爆破后形成垂直式正梯级工作面。

　　爆下矿石借自重落到采场底部，用 TORO-400E 型铲运机（平均台效取 500t/班）装运矿石入 MT 2010 型坑下卡车，再运至主溜井，最后用遥控铲运机清理采场内的残矿。矿块综合生产能力为 600t/d。

　　待矿房矿石全部出完后，集中一次用分级尾砂胶结充填。为便于在充填体内掘砌出矿假巷，空区顶、底部各约 6m 高的区域灰砂比取 1:4，其余区域灰砂比取 1:10。待两面矿房采空并用分级尾砂胶结充填好再经养护达到强度后，矿柱用回采矿房的方式进行回采出矿，充填用分级尾砂或坑内废石非胶结充填，仅在顶、底部高各约 6m 的地段采用灰砂比为 1:4 进行胶结充填。

　　新鲜风流进入井下后，再经中（分）段巷道进入各采场出矿和凿岩工作面，污风经采场空区由局扇引入上中段回风平巷，并经回风井巷排出地表。

3.2.5.6　开拓方案选择

　　根据矿床具有埋藏较深、储量较大、走向不长且位于现有露天坑下部等特点，若采用主、副井明井开拓，会存在井筒需布置在正在开采的露天坑爆破安全境界线之外，使各中段石门过长（大于 800m），且地表运输困难。结合矿山已掘工程可利用的情况，主要有"胶带斜坡道+盲罐笼副井+330m 第二平硐"和"盲箕斗主井+盲罐笼副井+330m 第二平硐"两个开拓方案可供选择。

　　采用"胶带斜坡道+盲罐笼副井+330m 第二平硐"开拓时，不但可充分利用已掘胶带斜坡道等现有工程，使后续基建工程量较小，基建时间较短，而且具有担负坑露采共 1×10^4t/d 矿石提升时，提升能力余地大，胶带道硐口距离浮选厂较近，无粉矿回收和箕斗供矿环节，采选工业场地布置集中和坑内外矿石运输简单可靠等显著优点。综上所述，采用"胶带斜坡道+盲罐笼副井+330m 第二平硐"方案。

3.2.5.7　矿山基建

　　遵循合理回采顺序的基础上，形成完整的开拓通风、坑内溜破、提升运输和井下充填以及供排水、供电和供气等主要系统。确保矿山投产时，保有符合规定的三级矿量，并使矿山均衡持续生产。

按上述原则，基建完成下列工程：

（1）+330m 第二平硐、胶带斜坡道、盲副井、矿废主溜井、坑内破碎和排水排泥系统。

（2）充填进风井和回风联络井以及总回风井系统。

（3）采区斜坡道、+357m 废石转运系统、+50m 和 0m 部分石门及联络道。

（4）−100m 中段（含−50m 和 0m）开拓探矿及采切工程。

（5）坑内炸药库、电机车、凿岩机维修室、充填硐室、无轨设备保养室、采区和牵引变电所等硐室工程。

以上工程总量为 $28.579×10^4m^3$；其中，开拓探矿 $25.579×10^4m^3$，采切 $3.0×10^4m^3$。

3.2.5.8　充填系统

据矿床开采技术条件和为保障上部露天与井下同时并采，采矿设计推荐使用分矿房矿柱两步骤回采的大直径深孔阶段空场嗣后充填采矿法（占 75%）和高分段空场嗣后充填法（占 25%）；扣除掘进副产后，采用嗣后充填法回采的矿石日产总量为 4500t/d。

为保障坑露安全并采，设计充填体强度及密实度均需要满足采矿工艺要求，也即胶结充填灰砂比及浓度必须满足充填体强度的要求。胶结充填料质量浓度为 71%~72%、水砂充填质量浓度为 68%~69%；两步回采嗣后充填法矿房、矿柱顶底部高各为 5~6m 地段为采用灰砂质量比 1:4 的胶结料充填空区，以期充填体单轴抗压强度在养护 7d 后达到 $R_7 = 2~2.5MPa$；一步矿房除顶底柱外的地段为采用灰砂质量比 1:10 的胶结料充填空区，以期抗压强度达到 $R_7 = 1~1.5MPa$；两步矿柱除顶底部外的其余地段则采用水砂及坑内废石充填空区。

充填制备站站址及下料钻孔设在矿山开采地表错动范围以外的风车斗东侧附近的山坡上。该站址距选厂较近，充填料无反向运输，地表标高为 +600m，按充填空区位置估算，充填倍线一般在合理自流倍线的 4~5 倍范围之内。

充填站主要由立式砂仓、水泥仓、搅拌桶、充填管道及中央控制室组成。从分级站出来质量浓度约 50% 的分级尾砂浆用泵扬至立式砂仓，由水泥罐车用压气将水泥送入水泥仓。为保证立式砂仓能高效稳定地放出浓度较高的砂浆，在每个立式砂仓内设置一套螺旋搅拌装置，在砂仓装入选厂尾砂浆的同时添加絮凝剂，以提高矿浆的沉降速度。胶结充填时，通过仪表和中央控制室按规定的灰砂比例，从立式砂仓和水泥仓底部将灰砂送入搅拌桶，制成质量浓度为 71%～72% 连续稳定的胶结料浆，流入充填管道经钻孔→+330m 充填硐室→+330m 第二平硐→充填进风井→空区上部中段（前期为 0m）→空区充填。水砂充填时，也从立式砂仓放出质量浓度为 68%～69% 的尾砂料浆而不经搅拌桶，直接进入充填管道，沿上述途径送到空区进行充填。掘进废石（约 600t/d）采用卡车运输，由采区斜坡道转运倒入充填空区。各类空区充填前，均需设置既能泄水又具有一定强度的隔离墙封闭待充空区。此外，还需沿中段平巷每 50～100m 设置一个沉砂坑来清理泥砂。

根据充填作业日所需充填量及其选厂日均补砂能力，设置 5 座（其中一座备用）ϕ10m、总高度 28m、单个有效容积为 1200m³ 的立式砂仓。设置 5 座（其中一座备用）ϕ5m、总高度 16m、单个有效容积为 144t 的水泥仓。上述贮存的有效容积，加上充填作业时灰砂可能的补充能力，足可满足充填作业的需要。

充填钻孔直径 ϕ = 220mm，地面标高 Z = 600m，钻孔为垂直钻孔，钻孔内铺设耐磨性良好的陶瓷复合钢套管，直径 $\phi_{外}$ = 153mm，壁厚 S = 13mm。充填主管选用 PF 钢塑编织复合管，直径 $\phi_{外}$ = 150～152mm，壁厚 S = 15.5mm。

3.2.5.9　矿井通风

根据矿床赋存条件与设计的开拓系统，矿井可选的通风方式有集中通风与多级机站通风两种方式。

矿井的特点为：（1）矿体分布集中，走向长度不长（550m 左右），风量调节较易；（2）开拓深度中等，井下开采结束时顶部标高距露采坑底为 300 多米，并且采用充填采矿法充填了采空区，地表不会产生明显塌陷，外部漏风小。综合考虑选定的采矿方法，大直径深孔嗣后充填法与分段空场嗣后充填法采用的都是相互并联的贯穿风流清洗工作面，风流顺畅。

综上所述，矿山采用单翼对角集中抽出式通风方式。

全矿的新风主要由主平硐、第二平硐进入，胶带斜坡道辅助进风。其中主平硐与第二平硐的新鲜风流需经由充填进风井与盲副井进入各中段运输巷道再到各采场。胶带斜坡道的大部分新风可先送至-100m中段，再由采区斜坡道进入以上各中段，少部分新风则送往-150m破碎水平。新风进入采场清洗工作面后，污风集中由中段回风联络道、倒段回风井、总回风道以及回风斜巷排出地表。

对于矿区东部采用分段空场嗣后充填法地段的通风，采用阶梯上行式通风网络。其新风清洗各水平采掘工作面后，污风经采空区用局扇引入上部回风平巷，再由总回风系统排出地表。

对于矿区西部采用大直径深孔嗣后充填法地段的通风，采用本水平进风，本水平回风的网络结构。即新风清洗完采掘工作面后，污风直接由局扇引入本水平上盘回风巷道，再经总回风系统排出地表。

3.2.6　选矿与尾矿设施

3.2.6.1　选矿厂

（1）1.0×10^4 t/d大垅里选矿厂。大垅里选矿厂原矿由皮带运输，原矿仓设备配置比较简单，卸矿设备选用4台振动给料机，每2台面对面配置，全部卸入同一条皮带上，为操作方便，设置了振动给料机的操作平台。

原矿仓靠近中细碎车间，减少了中碎前的缓冲矿仓；中、细碎设备集中配置在同一个车间内，中、细碎排矿卸到同一条皮带上，共用厂房和起重检修设施。

（2）0.8×10^4 t/d选矿厂。选矿厂利用原有的破碎系统，将新建粉矿仓布置于原有粉矿仓中心线的西面延长线上，有利于给料皮带的布置，新老粉矿仓排料通过振动给料机分别卸入4条皮带机上，4条皮带机同时卸入一条转运皮带机上，经新转运站转运到另一条转运皮带机再给入球磨机内。

磨矿与浮选厂房采用阶梯配置。由于地形限制，浮选得到的铜精矿、硫精矿与尾矿都需要泵送到浓密机。精矿脱水车间由浓缩、过滤及精矿仓组成，铜、硫精矿浓缩后由于高差不够需用渣浆泵送入过滤机中，过滤厂房分两层配置，过滤设备在上层，滤液泵等辅助设施在下层，矿浆管路连接简便，管线短。滤饼直接卸至精矿仓。精矿仓中的精矿用电动抓斗抓至汽车运出。

（3）4.5×10^4 t/d破碎系统。原矿经粗碎后由胶带输送机输送至中碎车间的缓冲矿仓给入振动筛，筛上产品给入圆锥破碎机进行二次破碎，筛下产品经胶带输送机转运后（车间内转运）和二次破碎产品一起由胶带输送机输送至粉矿仓，原矿、粗碎车间、中碎车间在一条线上，与粉矿仓成 L 形配置形式，粉矿仓的矿石用汽车送到已有的铜堆浸场。

3.2.6.2 尾矿设施

矿山年处理矿石量：$594 \times 10^4 t$；日处理矿石量：$1.8 \times 10^4 t$；尾矿密度：$2.56 t/m^3$；日尾矿产量：13230.61t；年尾矿产量：$436.61 \times 10^4 t$；年尾矿产量：$293.03 \times 10^4 m^3$；尾矿堆积容重：$1.49 t/m^3$；尾矿粒径：$-0.074mm$ 占 62.16%。

尾矿库选址于新屋下大坝北侧的大紫背沟谷。尾矿库坝顶标高 452m 时，总坝高 172.2m，尾矿库总库容 $7000.1 \times 10^4 m^3$，有效库容为 $5950.09 \times 10^4 m^3$，可满足矿山服务年限内尾矿的堆存要求。

3.2.7 总图运输

3.2.7.1 总平面布置

总平面布置由金铜矿露天采场、采矿工业场地、大垅里选矿工业场地、8000t 选矿厂、4.5 万吨破碎系统等组成。

A 金铜矿露天采场

金铜矿露天采场位于 27~48 号线之间。金铜矿露天开采终了境界最大尺寸为：长 1870m、宽 1630m；坑底标高 148m。

B 采矿工业场地

（1）露采由于前期的金铜矿联合开发项目已经对老采矿工业场进行拆迁，利用新矿部作为新采矿工业场地，故仍沿用改造后的采矿工业场地，且采矿场地的其他辅助设施场地布置不变。

（2）由于 330m 第二平硐为矿山的辅助运输通道，担负人员、物料及废石的运输任务，故在 330m 第二平硐口、矿内道路旁新建一栋三层的坑采综合楼，综合楼内设有坑采综合仓库、值班室、浴室等设施。

（3）充填站。充填站主要由立式砂仓、水泥仓、搅拌站、充填管道及中央控制室组成。从分级站出来质量浓度约 50% 的分级尾砂浆用泵扬至立式砂仓，由水泥罐车用压气将水泥送入水泥仓。技改工程的充填站所需标高约为 610m。

C　大坨里选矿工业场地

选矿工业场地由原矿仓、中细碎间、筛分间、细矿仓、磨矿间、控制室、浮选间、过滤间、精矿间、尾矿泵房、尾矿高效浓密池、精矿泵房、精矿浓密池、机修车间（规划）、仓库、高位水池、采选综合楼、员工宿舍等建构筑物组成。

D　新建 0.8×10^4 t/d 选矿厂

0.8×10^4 t/d 选矿厂利用原有的破碎系统，进行局部改造即可。选厂主要由原有的粗碎车间、中细碎筛分车间、转运站、粉矿仓，加上新建的一个粉矿仓、新转运站、磨浮车间、精矿脱水车间、石灰乳贮存、制备及添加等车间组成。

本新建浮选厂与原破碎系统相连接，原破碎系统破碎后的矿石由胶带运输机经转运站依次运输至磨矿车间、浮选车间。产品从精矿仓运出。

E　新建 4.5×10^4 t/d 破碎系统

新建 4.5×10^4 t/d 破碎系统由粗碎车间、中碎车间、粉矿仓等组成。拟建场地与 0.8×10^4 t/d 选矿厂相同，场地稳定性好，适宜拟建物建设。

F　排土场

前期进行的金铜矿联合开发项目已经对北口排土场进行了重新规划和设计，以满足露采废石排弃的要求。露采工程所产生的废石量比金铜矿联合开发工程产生的废石量少 7000 万吨，所以仍采用北口废石场来排弃露采废石。

坑采工程基建期和生产期的少量废石充分利用到矿山其他基建工程中，不再新建地表废石场，以减少生产对环境的干扰，建设环境友好型矿山。

G　炸药库

由于前期已经对矿区的炸药库进行了扩建，炸药库贮存规模可满足需要。

H　尾矿库

正在建设中的尾矿库位于选矿工业场地北部，距大坨里选厂 2.8km，占地面积 127.5×10^4 m^2。

3.2.7.2　工业场地竖向布置

场地整平根据地形特点及各场地内部生产、工艺流程要求，工业场地采取连续式与重点式相结合的方式进行平基，总体竖向布置形式为平坡式和台阶式相结合。

场地平整边坡参数暂按挖方（1∶0.75）~（1∶1），填方1∶1.5设计，部分边坡采用挡土墙及护坡等边坡防护设施。挡土墙主要采用浆砌片石挡墙，边坡防护根据坡度选择浆砌片石护坡或者草皮护坡。

工业场地雨水排放采用明沟排放方式。根据场地地形和地质条件，分别采用土质沟、浆砌片石及部分急流槽等排水设施。

3.2.7.3 内外部运输

内部运输量主要为原矿石和废石以及采矿耗材和选矿耗材，内部运输总量约为 $8000×10^4t/a$。其中，选矿厂矿山内部运输的主要物品为矿石、尾矿，矿石由斜坡道内胶带运输机运输至地表后，通过地表转运站转运后，由地表胶带输送机转运至选矿厂原矿仓，矿石在选厂内由胶带运输机运输至各选矿车间；尾矿采用管道输送，年输送量为 $218.74×10^4t$。露采的金矿石运输及废石排弃采用汽车，充填系统所需的水泥由社会车辆运输。

外部运输主要为铜精矿、硫精矿、生产材料、备品备件等，外部运输方式：矿区外部运输主要为铜精矿、硫精矿及生产材料、备品备件。外部均采用汽车运输，大宗货物委托社会运力运输，小量零星货物由自有车辆运输。

3.2.8 给排水及尾矿输送

3.2.8.1 用水量

总用水量 $68178m^3/d$，其中：新水 $6422m^3/d$（包括未预见水量）；回水 $51741m^3/d$；循环水 $3828m^3/d$，利用坑下排水 $6187m^3/d$。

3.2.8.2 新水水源

技改扩建后所需新水量为 $6422m^3/d$，新水取自汀江，取水点设在金山水电站上游 500m。该河水量充沛，多年平均最大流量 $4090m^3/s$，最小流量 $8.45m^3/s$，且水质较好，可满足矿山供水需要。

3.2.8.3 新水供水系统

矿井涌水量为 $13400~15600m^3/d$，矿井涌水利用水量为 $6187m^3/d$，当坑下涌水量正常时，则需要输送的新水量为 $6422m^3/d$，当旱季坑下涌水没有或不足时，则 $6187m^3/d$ 这部分坑下涌水用新水补充。

3.2.8.4 回水系统

A 厂前回水

为充分利用水资源，提高回水利用率，减少尾矿输送中的矿浆量，本设计对尾矿进行厂前浓缩与回水。其工艺流程如图 3-1 所示。

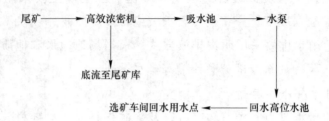

图 3-1   厂前回水系统工艺流程

B   尾矿库回水系统

尾矿库回水系统设计按选矿厂后期规模设计，经计算进入尾矿库总水量为 19300m³/d，库内回水按 65% 计，则可回水 12545m³/d。尾矿库内的回水经排水井、溢洪道，排至坝下小型蓄水库里，在蓄水库旁设一套回水系统，将回水扬至选厂回水池。

C   坑下涌水处理及回水系统

井下正常涌水时，自流量为 48.82 ~ 639.62m³/d，水质为 SO_4-HCO_3-Ca 型水，pH = 4.29 ~ 5.71，为酸性水，经处理后回用或外排。

3.2.8.5   尾矿输送系统

尾矿库最终堆积标高为 452m，10000t/d 选矿厂的一部分尾矿输送至充填站，剩余尾矿和 8000t/d 选矿厂的尾矿都经尾矿砂泵房输送至尾矿库。为了减少尾矿输送量，在选厂设一个 φ45m 尾矿浓密机，将尾矿浓缩至 45% 后再输送至尾矿库。

3.2.9   环境保护与水土保持

3.2.9.1   环境保护

紫金山金铜矿床的金矿为露天开采方式，开采标高在 712 ~ 1060m，采用以湿法冶金为主，金矿矿石处理能力为 4.5×10^4t/d，可年产成品金 13t。铜矿为坑下开采方式，主平硐标高 330m，采用堆浸—萃取—电积工艺生产阴极铜。目前铜矿矿石处理能力为 1×10^4t/d，可年产阴极铜 11000t。

采矿、选矿工艺及污染源节点如图 3-2 所示。

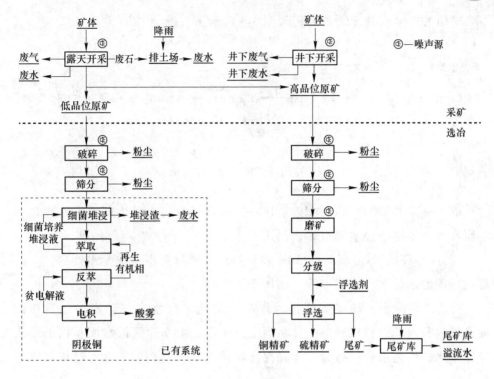

图 3-2 采选、选矿工艺及污染源节点

固体废物的种类及排放情况见表 3-12。

表 3-12 固体废物的种类及排放情况

名称	处置情况
采矿废石	堆存于矿山现有江山崠排土场，施工期多余土方 $2.83 \times 10^5 m^3$ 排入江山崠排土场存放
8000t/d 选矿厂尾矿	堆存于大崠背尾矿库
10000t/d 选矿厂尾矿	尾矿脱出的泥，堆存于大崠背尾矿库
	尾矿脱泥产生的沉砂，用作坑采充填料
废水处理沉淀渣	浓缩脱水后堆存于专用填埋库

污染治理措施：

（1）废水防治措施。对于矿坑涌水，新建一座处理能力为 $14000 m^3/d$ 酸性废水处理站，用于处理 330m 中段第二平硐排出的矿坑涌水，设计采用石灰中和法处理工艺，处理后的废水中 $6187 m^3/d$ 回用于生产，多余废水排入矿山已有调节水库用于矿山生产或达标外排。

矿山酸性废水处理工艺流程如图3-3所示。

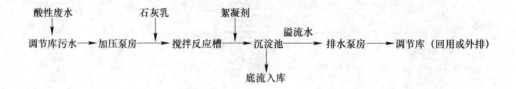

图3-3   矿山酸性废水处理工艺流程

矿山露天采矿场520m中段排出的废水采用石灰中和法处理，处理达标的废水排入三清亭废水调节库，回用于生产。

340m标高以下经泵扬至330m巷道排出，通过管道排往废水处理站，处理达标的废水排入废水调节库，回用于生产。

对于选厂废水，随尾矿浆排入尾矿库的选矿废水在尾矿库内经自然沉淀、曝气和澄清后，12545m³/d回用于选矿厂，雨季库区汇水面积内的地表径流致尾矿库内水位过高时，为确保尾矿坝安全，富裕的溢流水经排洪管道排入汀江。

（2）固体废物处置。对于采矿废石，利用现有江山崀排土场进行统一规划。排土场排弃标高在400～840m，金矿露天采场开采结束后，东南部采空区可作为内排土场，收容铜矿露采剥岩量，采取内排既增加了排土场容积又达到恢复生态的目的。排土场总库容能满足服务年限内铜矿废石堆置要求。

对于浮选尾矿，矿区北部的尾矿库按照《一般工业固体废物贮存、处置场污染控制标准》（GB 18599—2001）中有关第Ⅱ类一般工业固体废物的处置要求，对库底及坡面进行了防渗处理。

（3）废气防治。对于采矿粉尘防治：运输坑道内通风采用机械通风，新鲜空气从巷道进入，污风由回风井排到坑外，坑采作业采用湿式凿岩、喷雾除尘措施以减轻采矿粉尘排放量。

对于选矿粉尘防治：坑采破碎系统、转运系统配HYS-6型单机收尘器，除尘效率99.5%，粉尘排放浓度小于100mg/m³，经15m高排气筒排放。

（4）矿山生态恢复措施。生产期占用的土地主要有露天采场、废石场、堆浸场和尾矿库，根据企业历来的经验，采取"稳定一块，恢复一块"植被恢复策略，在占地使用结束后，应由建设单位进行复垦和植被恢复工作，恢复土地的使用条件，及时恢复土地原有的使用功能。

3.2.9.2 水土保持

紫金山金铜矿总体布置主要为露天采矿场、坑下采场、采矿工业场地、选厂工业场地、废石场、尾矿库、道路及其他新增场地等。防治责任范围主要有项目建设区和直接影响区，水土保持措施如下：

（1）水土流失防治。

1）废土（石）场水土流失防治区。对于废土（石）场水土流失防治区，废土（石）场采用"上土上排，下土下排"方式，有条件尽可能采用逆向排堆方式。在排堆过程中，利用地形从低标高处逐层向上排堆，并逐级按一定台阶高度排堆，每级平台留有一个安全平台宽，最终形成各级平台稳固斜坡式的废土（石）场。

为防止废土（石）场坡体失稳，产生泥石流、滑坡等灾害型水土流失，应对废土（石）场地基和堆垫坡体进行稳定性评价，并采取相应防治泥石流、滑坡的工程措施。

为防止废土（石）场外降水冲刷废石土坡体，产生水土流失，在废土（石）场上游及周边修建截排洪沟等防排洪设施；废土（石）场内的降雨积水，用截排水沟汇水排出场外。

在废土（石）场整治及土地复垦、植被恢复上，在未堆置废土（石）的裸露面、坡面进行绿化和护坡，恢复土地功能。每完成一个平台，即进行铺覆表土，并选择当地根系发达生命力强的草种、树种，乔、灌、草合理配置，以尽快恢复植被，保持水土。

2）露天采矿场水土流失防治区。露天矿开采破坏了原有地层的内应力平衡，易使边坡产生失稳情况。因此，采矿中应采取如下防治措施：①对露采边坡以及存在失稳边坡地段，实施工程和植物护坡措施，如喷浆、削坡减载等加固护坡工程措施，以及对采矿形成的边坡即时进行土地再造工程，并结合当地区域的种植特点和经济作物条件，营造和恢复当地的绿色植被；②采矿边坡形成后，即根据露天采场地形条件设置排水沟，将汇水有序地引入矿山排洪系统中，减少降水对坡面的冲刷侵蚀，并防止采场污水流入区外。

此外，对于坑下采矿场水土流失防治区，坑下采矿场采用废石和尾砂充填，可减少地表错动而引起水土流失。

对于道路及其他场地水土流失防治区，道路及其他场地靠山坡一侧，设置排洪、截水沟，填方或路堑边坡失稳处修建挡墙或喷浆等其他工程措施，岩土裸露面进行植物护坡。

（2）水土流失检测。根据矿山开采水土流失的特点及水土流失的严重程度，监测重点为以下地段：废土（石）场及下游地段；露天采矿场及周边下游区域、坑下开采可能引起错动范围及周边区域。

监测项目：影响水土流失的主要因子监测；水土流失量监测；水土流失灾害监测；水土保持效益监测。

3.3 马坑铁矿

3.3.1 矿山概况

马坑铁矿区位于福建省龙岩市城南 15km，距漳（州）龙（岩）高速公路及 319 国道 1.5km；距龙岩火车站 15km，交通方便。马坑铁矿区分为中、西两个矿段，铁矿石地质储量 B+C+D 级为 4.34 亿吨，其中中矿段 1.15 亿吨，西矿段 3.19 亿吨。马坑铁矿为国内特大型磁铁矿床之一，虽然矿体埋深大，地下涌水量较大，但矿石储量大，矿石品位中等，易选。

矿山一期设计开采范围为 420~530m 标高，地质储量 667.19 万吨，采用平峒、溜井、窄轨电机车运输，主平硐口标高 412m，年开采原矿规模 50万吨。为接替一期采选工程的生产，马坑铁矿已建成 300 万吨/年采选工程，以中、西矿段为开采对象，开采范围为 57~83 号线 300~0m 标高的铁矿体。该范围内铁矿石地质储量 B+C+D 级为 17430.13 万吨，铁矿石平均地质品位 39.13%。

3.3.2 矿床地质

3.3.2.1 矿区地质

马坑铁矿的成因以"海相火山沉积-热液改造"成矿观点为主。矿区位于龙岩"山"字形构造前弧东翼内侧。其东界为天山凹断层，西界为溪马河断层，东西长约 4000m，南北宽 700~1000m。勘查中将矿区划为东、中、西三个矿段。

A 地层

在中矿段和西矿段详勘报告中，对铁矿体顶、底板围岩以及赋矿层位进行了时代划分，现将矿区地层自老至新列于表 3-13 中。

表 3-13 矿区地层岩性一览表

界	系	统	组（群）	代号	厚度/m	岩性特征
新生界	第四系			Q	0~20	山麓堆积，残坡积砂砾石为主
上古生界	二叠系	下统	龙岩组	P_1ly^1	约 340	粉砂岩、细砂岩、炭质泥岩组成。含无烟煤 1~2 层，煤质差
			文笔山组	P_{1w}	165~220	砂质泥岩、粉砂岩、细砂岩
			栖霞组	P_{1q}	210~3500	厚层状含大燧石灰岩、厚层状含泥质灰岩，具矽卡岩化、大理岩化、岩溶发育
	泥盆、石炭系		南靖群	DC	不详	主要为石英岩、砂岩、粉砂岩、粉砂质泥岩，常有石英岩化、角岩化和矽卡岩化

B 构造

矿区大地构造位于华南加里东褶皱系华厦褶皱带，永梅上古坳陷带东侧。

矿区构造的基本形态为一向 NW 倾斜的单斜构造。马坑铁矿主要矿体赋存在单斜内，因其南西端被溪马河正断层切割，北东端被天山凹正断层限制，形成长约 4000m 的地堑构造。

矿区构造形式，无论其发育程度抑或对矿体的影响程度，皆以断裂构造为主，褶皱构造不甚发育。主要断裂构造特征见表 3-14。

表 3-14 矿区主要断层特征一览表

断层号	断裂性质	长度/m	产状			破碎带宽/m	斜落断距/m	特征
			走向	倾向	倾角/(°)			
F_{14}	正断层	3500	25°N~35°E	NW~SE	30~45	0.2~22	几十~几百	只断失盖层的部分地层，主矿体不受影响。被 F_1、F_2、F_3 等切割

3 实习基地概况

断层号	断裂性质	长度/m	产状			破碎带宽/m	斜落断距/m	特征
			走向	倾向	倾角/(°)			
F_{20}	正断层	1900	NNW	NE	75~80	3~5.5	60~80	切矿主矿体，但形成较早，被后期 F_1、F_2、F_3 断层切割破坏
F_1	逆断层	4000	40°N~50°W	SE	50~70	0.1~45	50~500	为矿段东南部的自然边界，成矿后断层，破坏矿体
F_2	逆断层	2000	NE	NW	80~85	2~42	50~250	成矿后断层，破坏矿体
F_3	逆断层	4000	50°N~60°W	SE	70~80	0~n	0~100	为矿段的自然边界，成矿后断层，破坏矿体
F_4	逆断层	1000	NE	SE	>80	—	50~100	成矿后断层，破坏矿体
溪马河断层	正断层	2000	NNW	NE	30~50	0.2~8.1	>100	为矿段南西部的自然边界，成矿后断层，破坏矿体
F_7	正断层	—	—	—	—	—	—	该断层发育于西矿段59线附近，为成矿后断层，破坏矿体并切割早期的 F_1、F_2、F_3 等断层

断层号	断裂性质	长度/m	产状			破碎带宽/m	斜落断距/m	特征
			走向	倾向	倾角/(°)			
F$_{10}$	正断层	—	NW	—	70~80	—	20~60	发育于中矿段,为成矿后断层,破坏矿体并切割早期的 F$_1$、F$_2$、F$_3$ 等断层
F$_{11}$	正断层	—	N40°W	NE	70	14~16	>150	为中矿段东边界,成矿后断层,破坏矿体
天山凹断层	正断层	1500	10°N~20°W	NW	80~85	4	>300	为矿区东南部的自然边界,成矿后断层,破坏矿体及早期断层

3.3.2.2 矿体地质特征

马坑铁矿床由主矿体和 176 个小矿体组成,其中西矿段有小矿体 153 个,矿石量 946.59 万吨;中矿段有小矿体 23 个,矿石量 533.13 万吨。

A 铁矿体

a 主矿体

矿区主矿体呈似层状、层状赋存于南靖群碎屑岩与栖霞组灰岩间的假整合面上。矿体产状与顶底板围岩产状相吻合,走向 NE,长 3050m,往 SW 略有倾伏。矿体倾向 NW,倾角一般大于 40°,部分在 50°~70°,个别地段直立或倒转。西矿段倾斜延伸 490~1300m,平均 1016m;中矿段倾斜延伸 620~1080m,平均 870m。西矿段矿体实际控制标高最高 408m,最低 -344m;中矿段最高 600m,最低 -121.4m。

主矿体厚度沿走向、倾向都有一定变化。西矿段总的变化趋势是矿段中心部位（59~68 号线 F_2 上盘）矿体厚大，而矿体上部、走向两端部以及 F_2 断层下盘矿体相对较薄。

中矿段主矿体较西矿段薄，但厚度相对稳定，除断裂构造形成无矿带外，矿段内尚未发现自然尖灭的"无矿天窗"，矿体连续性较好，厚度变化趋势大体上矿段西部较厚，东部相对较薄；深部矿体较厚，浅部矿体相对较薄。

全矿区矿体内部结构尚属简单，矿体形态较规则，矿体内有夹层分布但夹层层数和夹石含量并不太多；铁矿石自然类型虽多，但工业类型和工业品级单一，全部是磁铁贫矿。

b　磁铁矿小矿体

矿区勘探阶段，西矿段发现并参与储量计算的小矿体 153 个，其中 144 个单个矿体矿石量仅数千吨至数万吨，中矿段参与储量计算的小矿体有 23 个（其中 5、6 号为褐铁矿）。

B　矿体顶底板围岩及夹层

矿体顶底板围岩、夹层岩性及其所占比例以及围岩、夹层的含铁品位，见表 3-15。

夹石率：中矿段 4.62%；西矿段 5.30%；全矿区 5.12%。

表 3-15　主矿体顶底板围岩、夹石岩性比例及 TFe 含量　　　　　（%）

岩性	大理岩	石英岩、碎屑岩	矽卡岩	辉绿岩类	角岩类	构造岩
顶板	47.32	0.00	32.74	11.89	4.90	3.15
底板	1.00	48.30	23.53	12.61	11.78	2.78
夹层	5.95	2.66	39.22	44.88	4.78	2.51
TFe	4.15	4.93	12.75	8.21	5.81	8.53

3.3.2.3　矿石质量特征

A　矿石矿物成分与结构构造

a　矿石矿物成分

本区磁铁矿石属于中贫铁矿石。金属矿物平均含量约为 48%，其中，磁铁矿占 44%~47%，赤铁矿、黄铁矿和辉钼矿三者之和占 1%~

1.5%；闪锌矿、褐铁矿、磁黄铁矿、黄铜矿、菱铁矿以及锰矿物等合计含量为 1%~1.5%。

脉石矿物约占 52%，其中石榴石、辉石、石英、方解石、绿泥石五种矿物占 41%~44%；符山石、阳起石、透闪石等矽卡岩矿物以及萤石、黑云母、蛇纹石、滑石等占 5%~6%。

b　矿石结构构造

磁铁矿石结构，主要有他形-半自形晶粒状结构，似海绵陨铁结构以及各种交代结构等。磁铁矿粒度较细，一般为 0.03~0.10mm，细者 0.01~0.03mm，粗者可达 0.1~0.3mm 以上。

磁铁矿石的构造，有条带-条纹状、稠密浸染状、稀疏浸染状、斑杂状以及少量块状、脉状、角砾状等构造类型。

B　矿石类型与化学成分

a　矿石类型

马坑铁矿床基本上属于深埋地下的隐伏矿体。因此矿体的氧化作用较弱，主矿体无明显的氧化带或赤褐铁矿石存在，矿石工业类型简单，属单一的磁铁贫矿。根据矿石矿物组合特点，主要脉石矿物种类的差异，划分以下三个主要自然类型：石榴石磁铁矿石、透辉石磁铁矿石和石英型磁铁矿石。此外，还有角闪石型磁铁矿石分布，其脉石矿物由角闪石、透辉石和石英等组成。其矿石数量少，品位中等。

b　矿石化学成分

中、西两矿段矿石化学成分基本相同，有用组分除了铁以外，尚有可供综合利用的伴生元素钼。两矿段矿石平均化学成分见表 3-16。

表 3-16　两矿段矿石平均化学成分　　　　　　　　（%）

项目	TFe	Mo	S	Zn	Pb	Sn	P	SiO_2	CaO+MgO
中矿段	38.40	0.095	0.304	0.085	0.017	0.038	0.019	23~25	13~15
西矿段	37.85	0.079	0.300	0.061	0.009	0.035	0.008	22~26	12~15

全矿区主矿体平均 TFe 38.07%，属于中低品位磁铁矿石。矿石中磁性铁（mFe）含量对选矿指标影响甚大，其含量与矿石类型和 TFe 品位有关。TFe 品位高，则 mFe 含量及占有率均高，反之则低。中、西矿区不同 TFe 品位区间铁物相分析见表 3-17。

表 3-17　中、西矿区不同 TFe 品位区间铁物相分析　　　　（%）

TFe 品位区间	矿段	分析结果						mFe 占有率
		mFe	OFe	SiFe	CFe	SiFe	TFe	
20~25	中	9.24	7.73	4.44	0.55	0.28	22.44	41.55
	西	11.48	0.74	9.33	0.58	0.26	22.39	51.27
25~30	中	13.28	11.22	1.74	0.82	0.47	27.52	48.25
	西	18.39	0.96	7.54	0.60	0.25	27.74	66.32
30~40	中	26.14	6.89	1.49	0.66	0.19	35.36	73.93
	西	27.61	0.85	5.41	0.57	0.24	34.68	79.61
40~50	中	38.25	4.90	1.37	0.36	0.25	45.13	84.74
	西	38.73	0.36	4.03	0.54	0.17	43.83	88.36
>50	中	48.40	3.02	0.80	0.26	0.25	52.73	71.79
	西	54.18	0.65	1.82	0.48	0.14	57.27	94.60

马坑铁矿 TFe<30% 的低品位矿石，mFe 占有率仅有 50%~60%，主要是 SiFe 含量偏高造成的。矿石中其他有害杂质含量，主要是 S 较高，经过选矿处理后，铁精矿质量可满足冶炼要求。

3.3.2.4　矿床开采技术条件

A　矿体、顶底板围岩的稳定性

马坑铁矿矿体埋藏深，盖层厚，只适宜坑内开采。

主矿体的原始形态为层状、似层状，矿体内部结构较简单，夹层不多，工业品级单一。当矿体被断层切割或辉绿岩类脉岩穿插，抑或位处"背斜"构造附近，由于节理裂隙发育，风化作用加剧，则岩（矿）体强度下降，稳固性变差。在矿体未遭破坏的地段，节理裂隙不发育，蚀变作用较弱，其稳固性则较好。

主矿体顶板围岩以大理岩或大理岩化灰岩，以及辉绿岩类为主。由于构造和岩浆活动影响，赋矿层位断裂构造发育，脉岩穿插频繁。矿区大理岩（灰岩）中，岩溶作用强烈，溶蚀裂隙和溶洞发育，不仅溶洞规模大，而且发育深度较深。尤其在断层附近往往形成较大的岩溶破碎带，极大地降低了顶板岩层的稳固性。

在远离断层破碎带、溶洞和软弱接触带的地段，厚大的大理岩（灰岩），为稳固性较好的岩体。

矿体底板主要为石英岩、石英岩化砂岩和粉砂岩等碎屑岩类，以及矽卡岩和辉绿岩类岩石。除了在粉砂岩、断层破碎带及其附近岩石破碎、稳固性较差以外，一般情况下，岩性致密、坚硬，呈厚层状或块状，稳固性较好。

B　矿岩物理力学性质指标

根据钻孔岩芯物理力学参数测试，设计中根据经验选取矿岩物理力学指标见表3-18。

表3-18　中、西矿段矿岩物理力学指标

矿、岩石名称	f值	抗剪强度/MPa	密度/t·m^{-3}	其他
矿石	10~12	11.8~21.5	3.88（中）、3.73（西）	
大理岩	7~10	11.8~13.7	2.65	
矽卡岩	9~11	6.5~21.9	3.00	
石英岩	10~14	13.1~18.9	2.65	矿石湿度<1% 矿石松散系数1.60
粉砂岩	2~6		2.50	
辉绿岩类	8~12	8.4~22.6	2.90	
花岗岩	9~12		2.65	

3.3.2.5　矿石储量

A　储量计算工业指标

中矿段铁矿工业指标见表3-19，西矿段铁矿磁铁矿石边界品位TFe 20%，块段TFe 30%。

表3-19　中矿段铁矿工业指标

矿石类型	TFe/%		最低可采厚度 （伪厚）/m	夹石剔除厚度 （伪厚）/m
	边界	块段		
磁铁富矿	45	50	2	2
磁铁贫矿	20	30		
赤铁矿石	25	30	2	2
表外矿石	20~30			

B　矿石储量

中矿段有磁铁矿石储量 B+C+D = 11522.10 万吨，此外，尚有表外磁铁矿石 91.44 万吨。西矿段拥有磁铁矿石储量 B+C+D = 33151.07 万吨。

3.3.2.6　矿区水文地质条件

A　地形、地貌

矿区位于龙岩盆地东南缘，介于分水岭至河谷的中间地带，属侵蚀构造中低山区。地势从东向西逐渐降低，矿区最高点为东北方向的天山凹，标高为 1069m，最低侵蚀基准面为西南部马坑村溪马河出口处，标高为 420m。

B　降雨及地表水系

据龙岩气象站多年观测资料，本地区年降雨量一般变化在 1347.3 ~ 1986.4mm。十年一遇 24h 暴雨量为 130mm，雨季日均降雨量为 9.6mm。

溪马河流经矿区西缘，自南而北汇入龙岩盆地，经矿区 II—II′观测站测得最大流量为 $5.258m^3/s$，洪峰水位 427m 标高，最大洪峰流量可达 $150m^3/s$。

矿区内一号沟发源于矿区东南部花岗岩山区，汇水面积 $4.44km^2$，从 80 号线东南端流入矿区，经 65 号线附近注入溪马河，丰水期流量为 126L/s，雨后最大流量可达 $3.98m^3/s$。

C　水文地质特征

矿体直接顶板中、上石炭统经畬组（C_{2j}）-船山组（C_{3c}）和下二叠统栖霞组（P_{1q}）可溶岩为矿区主要含水层。该含水层自上而下由大理岩、灰白色质纯灰岩、硅质灰岩及泥质灰岩等组成，具有厚度大、岩溶发育及富水性强等特点。含水层平均岩溶率为 6.08%，溶洞主要发育在 200m 标高以上，溶洞中泥砂充填物多，全矿区岩溶充填率高达 92%。根据钻孔抽（放）水试验资料统计，含水层单位涌水量 $q = 0.145 ~ 3.83L/(s \cdot m)$，最大可达 $10.12L/(s \cdot m)$；渗透系数 $K = 0.24 ~ 5.25m/d$，最大可达 9.31m/d。地下水水力性质自南东向北西由潜水向承压水过渡，水位标高由南东向北西变化在 563.95 ~ 434.28m，全矿平均地下水位标高为 504.24m。

由于断裂构造控制了可溶岩的分布范围，因此，在矿区四周形成了以溪马河断层、天山凹断层、F_1 和 F_3 断层为相对隔水的水文地质边界条件，其间为一个具有补给区、径流区和排泄区的完整、独立的水文地质单元。在该单元内，静水贮存量丰富，而动水补给量相对不足，大气降水是矿区地下水补给的主要来源。

D 矿床充水类型及复杂程度

基于对矿区水文地质条件的分析和论证，矿层直接顶板岩溶含水层，虽然具有厚度大、岩溶发育及富水性强等特点，但由于该含水层受断裂构造控制，形成了四周为相对隔水的水文地质边界条件，当矿山实施疏干排水，其影响范围达到隔水边界后，大气降水将成为地下水的主要补给源，而区域地下水侧向补给微弱，因此，本矿区属于静水贮存量丰富，而动水补给量相对不足，水文地质条件为中等~复杂的岩溶充水矿床。

3.3.2.7 矿坑涌水量

根据有限元数值解法的计算结果，200m、100m 及 0m 三个开采阶段正常及雨季平均地下水涌水量、降雨径流渗入量、矿坑总涌水量等信息见表3-20。

表 3-20 矿坑涌水量

开采阶段/m	地下水涌水量/m³·d⁻¹		降雨径流渗入量/m³·d⁻¹		矿坑总涌水量/m³·d⁻¹	
	正常	雨季平均	雨季正常降雨	$P=10\%$暴雨	正常	最大
200	15320	16140	127	3430	15447	19570
100	19362	20662	198	5349	19560	26011
0	20316	21781	298	8063	20614	29844

3.3.3 采矿

3.3.3.1 开采范围的确定

（1）开采范围。开采范围为东起 83 号勘探线，西至 57 号勘探线之间中、西两个矿段，全长 2500m。最低开采标高 0m，最高开采标高 300m。

（2）岩石错动角。参考类似矿山的实际经验数据，马坑铁矿工程设计所选定的岩石错动角如下：上盘岩石 60°，下盘岩石 65°，端部岩石 65°。

（3）开采范围内的矿量、质量。开采范围内共有 B+C+D 级矿量 18816.92 万吨，扣除 412m 主平硐保安矿柱 98.40 万吨、矿区地表高速公路保安矿柱 1151.95 万吨后，尚余 B+C+D 级矿量 17566.77 万吨，地质平均品位 TFe 39.13%。矿山采用矿岩合流运输的方式，生产原矿 300 万吨/年，采出废石45万吨/年。二者合流后平均品位TFe 28.66%，选厂采取抛尾方式选出混入的废石。

3.3.3.2　矿床开拓

矿山采用斜井钢芯胶带—副竖井—主斜坡道辅助开拓运输方式。各阶段采出的矿石与废石采用20t架线式电机车牵引6m³底卸式矿车，在采区溜井底部由振动放矿机装车后运至主溜井（位于73~74号线之间）。矿岩利用自重下放至破碎水平。经破碎后的矿岩（块度0~300mm）采用斜井胶带运输机运至小娘坑出地表，再经地面胶带运至位于崎濑村的选厂中碎矿仓，中碎后抛尾，矿岩分流。

部分设备、材料、人员从位于矿体下盘错动界限外73号线附近4号副井下放至井下各阶段，铲运机和无轨运输设备及部分人员、材料、从硐口位于小娘坑的主斜坡道进入井下，阶段斜坡道与各采矿分段相连，斜坡道内采用坑内服务车。主斜坡道净断面积16.89m²，井口标高515.5m，坡度6%~15%。

坑内采用多级机站分区通风方式。在矿体下盘错动界限外70号线布置专用进风井，在61号线和79号线布置回风井。新风从专用进风井和4号副井进入井下各生产阶段，污风从位于61号线和79号线的回风井排至地表。

井下采用接力排水方式，在井下各阶段副井井底车场附近设水仓、泵房。矿坑涌水和生产废水经0m泵站排至100m水仓。由100m泵站排至200m水仓，再经200m泵站排至一期300m水仓，经300m泵站排至地表水池。

A　阶段高度及阶段平巷布置

井下阶段高度为100m，各阶段标高为300m、200m、100m、0m。300m为回风水平。200m、100m、0m阶段水平均在F₂断层的下盘布置阶段运输平巷重车线，且在F₂断层上盘矿体的上盘和F₂下盘矿体的下盘布置阶段运输平巷空车线，且用穿脉装车平巷（200m阶段穿脉间距为90m，100m、0m阶段穿脉间距为120m）组成双环行运输方式。副井、主溜井（两条）卸车场亦采用环行运输方式以满足阶段运输的要求。

B　井巷支护

3号钢芯胶带斜井及2号钢芯胶带斜井一部分和施工、检修斜井工程位于煤田系岩层中，$f=4~6$。采用C20混凝土浇灌或喷射C25混凝土支护，厚度分别为 300mm 和 100mm。2 号胶带斜井的大部分位于大理岩中，$f = 7 \sim$ 10，岩溶发育。在岩溶段和破碎带中亦用 C20 混凝土浇灌或喷射 C25 混凝土支护，厚度分别为 300mm 和 100mm。1 号胶带斜井多数位于下盘石英砂岩中，可以不支护，但在岩体破碎时亦喷 C25 混凝土支护，厚度 100mm。副井位于下盘石英砂岩中 $f = 10 \sim 14$，由于受 F_1 断层影响，副井则采用 C20 混凝土浇灌。支护厚度 300mm。主斜坡道及阶段斜坡道穿过上盘岩体和下盘岩体中过断层或穿过破碎带时，采用 C20 混凝土浇灌，厚 300mm，穿过软弱带喷 C25 混凝土支护，厚 100mm。

C 废石和矿石混合破碎、运输方案

将井下采掘过程中产生的废石 45 万吨/年，混入采出矿石 300 万吨/年中。二者在采区溜井中合流后，由其底部的振动放矿机装入 $6m^3$ 底卸式矿车，由 20t 电机车牵引运至主溜井卸载。矿岩经破碎后由钢芯胶带斜井运至选厂中碎矿仓，中碎后抛尾，矿岩分流。

3.3.3.3 采矿方法

A 矿床开采技术条件

主矿体呈似层状、层状赋存于碎屑岩与栖霞组灰岩间的假整合面上。矿体走向北东，长约 3050m，往 SW 略有侧伏；矿体倾向 NW，倾角一般为 40° 左右，局部达 50° ~ 70°，个别地段呈直立或倒转。倾斜延伸长度：西矿段 490 ~ 1300m，平均 1016m；中矿段 620 ~ 1080m，平均 870m。

矿体实际控制标高：西矿段最高 408m，最低 -344m；中矿段最高 600m，最低 -121.4m。

主矿体沿走向，倾向均有一定变化：西矿段总的变化趋势是中心部位（59 ~ 68 号线）矿体厚度大，上部及走向两端相对较薄；中矿段较西矿段矿体厚度薄，但中矿段矿体厚度相对稳定。

除主矿体外，尚有 153 个小矿体，合计储量为 546.59 万吨，其中以 66、105 和 132 三个小矿体储量最大，且靠近主矿体，可与主矿体合并开采。

设计阶段高度 100m，按阶段高度统计矿体的水平厚度和倾角。矿体水平厚度：按中厚矿体 8 ~ 25m，厚矿体 25 ~ 80m，特厚矿体大于 80m，统计结果如下。

中厚矿体：平均水平厚度 15m，平均倾角 60°；厚矿体平均水平厚度 45m，平均倾角 45°；特厚矿体平均水平厚度 120m，平均倾角 35°。

根据矿体赋存特点：200m 阶段中厚矿体矿量约占 20%；其余主要为厚

矿体，仅 74～76 号线间、250m 标高以下，矿体水平厚度超过了 80m。200m 标高以下，中厚矿体矿量约占 10%；厚、特厚矿体矿量占 90%。

矿体顶板围岩以大理岩或大理岩化灰岩以及辉绿岩类为主。由于受构造和岩浆活动影响，位于断层附近矿体，形成较大岩溶破碎带，极大降低顶板岩层的稳固性，在断层附近开采矿体，应高度重视岩溶水和溶洞充填物的突然涌出。在远离破碎带和溶洞地段，厚大的大理岩为稳固性较好的岩体。

矿体底板主要为石英岩、石英化砂岩和粉砂岩等碎屑岩类，以及矽卡岩和辉绿岩类岩石。除粉砂岩断层破碎带及其附近岩石破碎，稳固性较差，一般情况下，底板岩性致密、坚硬、稳固性较好。

夹石：矿体中夹石主要为辉绿岩类，矽卡岩，次为大理岩、角岩等，夹石率为 5%～5.5%。

矿岩物理机械性质见表 3-21。

表 3-21　矿岩物理机械性质

矿岩名称	f 值	抗剪强度/MPa	密度/t·m⁻³
矿石	10～12	11.8～21.5	3.88（中），3.73（西）
大理岩	7～10	11.8～13.7	2.65
矽卡岩	9～11	6.5～21.9	3.00
石英岩	10～14	13.1～18.9	2.65
粉砂岩	2～6		2.50
辉绿岩	8～12	8.4～22.6	2.90
花岗岩	9～12		2.65

矿体顶、底板围岩、夹石岩性比例及 TFe 含量见表 3-22。

表 3-22　矿体顶、底板围岩、夹石岩性比例及 TFe 含量　　　　（%）

岩性	大理岩	石英岩、碎屑岩	矽卡岩	辉绿岩类	角岩类	构造岩
顶板	47.32	—	32.74	11.89	4.9	3.15
底板	1.00	48.3	23.53	12.61	11.78	2.78
夹层	5.95	2.66	39.22	44.88	4.78	2.51
TFe 含量	4.15	4.93	12.75	8.21	5.81	8.53

B 采矿方法选择

根据矿体赋存条件及矿岩物理机械性质，按阶段统计的矿体倾角及水平厚度，中厚矿体 40°~90°，平均约 60°；厚、特厚矿体平均倾角在 45°以内，矿体的水平厚度 10~220m。

可选采矿方法有无底柱分段崩落法，阶段矿房法（厚或特厚矿体），分段空场法（中厚矿体），浅孔留矿法（薄矿体）等。厚或特厚矿体的阶段矿房法，中厚矿体的分段空场法，薄矿体的浅孔留矿法等，但上述采矿方法均要求矿体顶板围岩稳固（如分段空场法）和相对稳固。F_2 断层几乎贯穿采区东西（仅 67~70 号线间中断），使矿体分成 F_2 上、下盘矿体，F_2 断层处矿块特别是顶板存在岩溶地段，不能使用上述采矿方法。

无底柱分段崩落法是目前国内地下开采大中型铁矿矿山普遍采用的采矿方法。该采矿法适应范围广，生产工艺简单，机动灵活，安全性好，可使用大型采掘设备，采场生产能力大，有利于达到矿山开采规模。因此，通过采矿方法比较，选择无底柱分段崩落法为主要采矿方法，对于远离断层围岩及矿石稳固的矿块，可试验阶段矿房法、分段空场法或矿山一期开采使用效果好的采矿方法。

C 采矿方法的构成要素

200m 阶段主要为厚及中厚矿体，阶段矿量较少，设计矿块长度均为90m。分段高度 12.5m，回采进路：中厚矿体回采进路在矿体中沿走向布置；厚矿回采体进路垂直矿体走向布置，进路间距 15m，上下分段错开布置。阶段穿脉间距 90m。

100m、0m 阶段：中厚、厚及特厚矿体的矿块走向长度均为 120m。中厚矿体分段高度仍为 12.5m。回采进路沿矿体走向布置在矿体中靠下盘位置。厚及特厚矿体部位，有条件加大分段高度和进路间距，以减少采切工程量和减少采场地压，在此采用分段高度 20m，进路间距 24m，上下分段进路错开布置，阶段穿脉装车平巷间距为 120m。

采准工程布置原则：矿岩溜井位置满足上阶段最下一个分段的出矿要求。分段沿脉平巷，视矿体倾角，一般距矿体底板 15~20m。中厚矿体沿走向进路，靠近矿体底板或切底板布置，达到底板矿体不损失或少损失。矿块进风天井与下盘阶段运输平巷连通，保证进风风质。相应布置回风天井，各分段平巷与阶段斜坡道的联络道相接。

回采顺序：采用后退式开采，并且自上而下进行，厚矿体自上盘向下盘回采；特厚矿体分上下盘矿块，从矿体水平厚度中部向上、下盘回采，同分段，上盘应超前回采，相邻矿块超前回采时，一般不超过 1~2 个分段，上下分段同时回采时，上分段应超前下分段 25~30m 距离。

采场生产能力：厚及特厚矿体，每个矿块采用一台 TORO-400E 型电动铲运机出矿，采场生产能力为 42 万~45 万吨/年；中厚矿体每个矿块采用一台 WJD-2 型电动铲运机出矿，采场生产能力为 12 万~15 万吨/年。按年产 300 万吨规模计算，全矿需要同时回采矿块 8 个，其中：厚或特厚矿块 6 个，中厚矿块 2 个。由于矿块回采进路不少于 5 条，可互为备用，不设备用矿块。

采场通风：新鲜风流由下盘阶段运输平巷、阶段进风联络道、矿块进风天井、各分段联络巷至分段平巷进入回采工作面；污风经矿块回风天井、上阶段回风平巷进入总回风系统。每个回采队配备 2 台 JK58-1No. 4. 5 型局扇，作回采工作面压入式通风用。

D   矿石损失和废石混入

根据矿体赋存条件，该矿厚大矿体约占总开采量的 90%，根据类似矿山无底柱分段崩落法指标，设计选取的矿石损失率为 20%；废石混入率 20%。生产时控制好崩矿步距，应吸取先进无贫化放矿经验，进一步改善上述指标。

3.3.3.4   回采工作

A   矿石开采量的分配

根据中厚、厚及特厚矿体采准出矿比例，计算出平均采准出矿约占 3.9%，按开采 300 万吨/年原矿规模计算，采准出矿 11.7 万吨/年；回采出矿 288.3 万吨/年。

B   回采工作计算

无底柱分段崩落法，采用垂直扇形中深孔落矿。炮孔向前倾斜 8°~10°。

厚及特厚矿体采用 Simba H252 型凿岩台车凿岩，炮孔直径 80mm，边孔水平夹角 55°；孔底距 2.2~2.5m；最大孔深约 33m，每排 13 个炮孔，炮孔排距 2.0~2.2m，每米炮孔崩落矿量 12~13t。凿岩台车掘进效率取 5.5 万~6 万米/(台·年)，每台车年生产能力 69 万~75 万吨。

中厚矿体采用 T-100 型高风压钻机凿岩，炮孔直径 70~75mm，边孔水平夹角 55°~60°，孔底距 2.1~2.4m，最大孔深约 20m，每排 9 孔，炮孔排距 2m，每米崩矿量约为 10.5t，掘进效率取 2.6 万～2.9 万米/(台·年)，每台钻机年生产能力 27 万～30 万吨。一台 T-100 型钻机，可满足中厚矿体回采。

采用硝铵炸药，生产时可试验采用其他适用的炸药，含水钻孔采用乳化炸药。装药采用 BQ-100 型装药器装药，日后随规模的扩大，为了提高装药效率，装药可逐步改用装药车。为避免孔口段药量过于集中，相邻炮孔装药位置和填塞长度应相互错开。起爆采用导爆管、毫秒电雷管、导爆索复式起爆。

爆破后的工作面通风、除尘：爆破应在班末进行，每个回采队配备 2 台 JK58-1No.4.5 型局扇加强通风。为防止粉尘污染，出矿前，应在爆堆洒水除尘。

C 采场运搬与放矿

回采进路中崩落的矿石，放矿步距 3～4m，采用无贫化或少贫化放矿方式。厚及特厚矿体，采用 4m³ 电动铲运机出矿，中厚矿体采用 2m³ 电动铲运机出矿。矿石搬运：铲运机铲装矿石经进路、分段平巷、矿岩溜井联络道，将矿岩卸入溜井，溜放至阶段水平，经振动给矿机装 6m³ 底卸矿车，运至阶段主溜井，经破碎后，用胶带运至地面。

铲运机生产能力：厚及特厚矿体 4m³ 铲运机生产能力 42 万～45 万吨/(台·年)，中厚矿体 2m³ 铲运机生产能力 12 万～15 万吨/(台·年)。

采场采出原矿块度 0～750mm。大于 750mm 矿岩，采用 7655 型气腿式凿岩机打眼，硝铵炸药爆破。爆破集中在班末进行。随着生产管理加强，力争每天只爆破一次。大块率控制在 3% 以内。

D 采空区和顶板管理

无底柱分段崩落法，必须在覆盖岩下放矿，覆盖岩厚度一般不应低于 20m。设计基建矿块的 275m 分段以上作放顶处理，使矿山基建结束后，能顺利投入生产。

3.3.3.5 采准工作

根据矿体赋存条件，200m 阶段矿量少，中厚矿体矿量占阶段矿量 20% 左右，矿块沿走向长度为 90m；100m 及 0m 阶段，厚及特厚矿体矿块沿走向长度为 120m。

200m 阶段：中厚矿体回采进路在矿体中沿走向布置，分段高度 12.5m；

厚矿体回采进路垂直矿体走向布置，分段高度 12.5m，进路间距 15m。

100m 及 0m 阶段：中厚矿体除矿块长度增加至 120m 外，分段高度仍为 12.5m；厚及特厚矿体的分段高度为 20m，进路间距为 24m。厚矿体为上盘至下盘回采，下盘出矿；为缩短特厚矿体矿块开采时间，并使各采掘分段较均衡推进与下延，缓解地压条件，减少分段进路及联络巷维护工作，采用从矿体中间向上、下盘同时回采，上、下盘均设出矿系统。

100m 及 0m 阶段：厚及特厚矿体均占两个阶段矿量的 90%；中厚矿体占 10%。

3.3.3.6 爆破材料设施

矿山设有炸药库一座，雷管库一座，导爆索库一座，井下分库一座，可满足矿山正常生产要求。

3.3.3.7 坑内运输

坑内各阶段平巷均铺设 43kg/m 钢轨，900mm 轨距，巷道直线段采用混凝土轨枕，道岔和曲线段采用木轨枕。线路纵坡 3‰~4‰。轨面至巷道底板高 450mm，架线至轨面高 2.4m。采用 ZK20-9/550 型架线式电机车牵引 6m³ 底卸式矿车运输矿岩。

由于各阶段水平 F_2 上盘和下盘均有矿，其上盘矿体矿量约占总矿量的 80%，下盘矿体矿量占 20% 左右。故各阶段在 F_2 下盘岩体中，两矿体之间布置重车线，分别在 F_2 上盘矿体的上盘和下盘矿体的下盘布置空车线组成双环行运输方式。

3.3.3.8 坑内通风、除尘

300~0m 开采范围采用胶带斜井、竖井及斜坡道联合开拓，阶段标高分别为 300m、200m、100m、0m 标高，300m 为回风水平。根据矿体赋存条件及开拓系统布置，副井设在 78 号线矿体下盘（作为进风井），另外在 70 号线附近矿体下盘设一专用进风井。在矿体的东西两端二期开采最终错动界限以外设东西回风井，形成中间进风，两端回风的两进两回的通风系统。采用通风效果好、节能、噪声污染低的坑内多级机站通风系统。

3.3.3.9 坑内排水

马坑铁矿属于大型矿山，且水文地质条件较复杂，必须按大型矿山较高标准考虑设防。根据本矿具体条件，采用分段接力排水方式，即 0m 排至 100m、100m 排至 200m，再从 200m 排至 300m 水平，进而通过一期副斜井与主斜坡道相通，通过主斜坡道排至地表高位水池。

3.3.4 井巷工程

本开拓系统主要的井巷工程有胶带主斜井、副井、专用进风井、东回风井、西回风井、溜破系统回风井、溜破系统、中央变电所、井下排水系统和斜坡道（利用一期工程斜坡道下延）等。

（1）胶带主斜井。斜井净宽 3.5m，墙高 1.8m，井底标高 -70m，井口标高 460m，斜井倾角约 10°，总长 3091.65m。其中，地表段长约 500m，采用 300mm 厚 C25 钢筋混凝土支护。

（2）副井。井筒净直径 ϕ6m，井底标高 -105m，井口标高 625m，总长 730m。副井在 300m、200m、100m、36m、0m、-40m、-70m 水平设马头门。

（3）专用进风井。井筒净直径 ϕ5m，井底标高 0m，井口标高 625m，总长 625m。

（4）东回风井。井筒净直径 ϕ5m，井底标高 100m，井口标高 580m，总长 480m。

（5）西回风井。井筒净直径 ϕ5m，井底标高 100m，井口标高 650m，总长 550m。

（6）溜破系统回风井。净断面 ϕ2.5m，井底标高 -70m，井口标高 300m，井筒总长 370m。不支护。

（7）溜破系统。包括各 200m、100m、0m 中段水平卸矿硐室共 6 个、2 条主溜井及贮矿仓、破碎硐室、板式给矿机硐室、大件道、配电硐室、检查井、检查巷、装载矿仓、装载硐室等。

（8）中央排水系统。采用多段排水，在 0m 水平、100m 水平和 200m 水平各新建排水系统一套，利用一期工程 300m 水平排水系统将水排至地表，排水系统包括水仓、水泵房等。

（9）其他设施。包括井下检修硐室、防水门硐室等。

3.3.5 尾矿设施

尾矿库放矿方式为坝上放矿，尾矿库所需库容为 4740 万立方米。服务年限 47 年。尾矿库洪水设计：由《选矿厂尾矿设施设计规范》（ZBJ 1—90）

查得尾矿库防洪标准初期按 100 年一遇设计（$P = 1\%$），后期按 1000 年一遇设计（$P = 0.1\%$）。

尾矿库调洪计算：调洪计算一般需根据安全超高、最小滩长、尾矿水澄清距离要求以及洪峰流量、洪水总量、调洪库容等因素进行。尾矿库排水系统拟采用溢水塔及竖井与隧洞联合泄洪。根据安全超高、最小滩长、洪峰流量、洪水总量进行调洪计算，结果见表 3-23。

表 3-23 调洪计算结果

阶段	频率	洪水总量 /m³	安全超高 /m	最小滩长 /m	调洪水深 /m	调洪库容 /m³	下泄流量 /m³·s⁻¹
初期	$P = 1\%$	908000	1	100	3	158400	42.84
后期	$P = 0.1\%$	1180500	1	100	3	840000	21.19

尾矿库排洪系统设计：尾矿库初期坝上游汇水面积达 3.992km^2，而尾矿库最终堆积坝高达 186m，尾矿库排洪系统拟采用溢水塔结合隧洞进行排水泄洪，溢水塔与隧洞主洞之间采用竖井及支洞连接。根据调洪计算的下泄流量拟定排洪系统的断面。

3.3.6 总图运输

300 万吨/年采选工程总图布局由三大部分组成：采矿区、选矿区、生产辅助设施及生活规划区。采矿区由采场、废石场、炸药库设施组成；选矿区由选矿厂、尾矿库组成；生产辅助设施由维修车间、生产办公室组成；生活规划区由行政及家属住宅区组成。

矿山内、外部运输：矿石、废石经坑内粗碎后，经斜井钢芯胶带运送至选厂中间矿仓，经中碎干选，选别后的铁精矿用管道输送至龙岩市某水泥厂，装火车运往各用户。干选后的废石经胶带输送至废石场堆存，作为建材出售。

3.3.7 给排水及尾矿输送系统

3.3.7.1 给排水系统

水源：采矿、选矿的生产新水为井下涌水，正常涌水量为 $1000.00 \text{m}^3/\text{h}$；最大时 $1500.00 \text{m}^3/\text{h}$。井下水扬送至采矿场 1000m^3 高位水池，除采矿用水外其余水量引至选矿厂 1000m³ 高位水池，供选矿厂生产新水用水。

生活用水水源拟定在溪马河河滩掘深井取水，但该水源的水量水质有待勘探后确定。

采矿井下生产、消防给水系统：该系统供给井下采矿生产和消防用水。井下采矿生产用水量最高日 1488.00m³/d，最大时 62.00m³/h。一次消防水量为 216m³。此部分水量贮藏在主斜坡道附近的 1000m³ 的生产新水水池内，池底标高为 562.00m。经一条 $d219×6$ 的钢管自流供给井下生产用水。

选矿厂给水系统：生产新水系统直接从 1000m³ 高位水池接管。经钢管自流供给主厂房设备的冷却水、水封水、冲洗地坪及消防用水。循环水系统主要供给选矿厂球磨机、磁选机等生产用水。

排水系统：选矿厂生产排水时，在中间矿仓、中破碎室、干选车间、循环水泵站、底流泵站各设一台 50PWHL-Ⅲ 型排污泵；用 DN80 钢管分别送至尾矿浓缩池处理。选矿厂生产废水均排至尾矿浓缩池进行浓缩处理，浓缩池底流送至尾矿库，尾矿库废水经沉淀后外排（选矿是强磁流程，无任何药剂）。设备冷却排水、砂泵水封水排至循环泵站吸水池循环使用。

3.3.7.2　尾矿输送系统

选矿厂排出的尾矿矿浆量为 1523.82m³/h，当浓缩池溢流水量为 1295.40m³/h、底流排矿浓度为 40%时，选用一台 $\phi80m$ GZN 型高效周边齿条传动浓密机处理尾矿。

底流尾矿经渣浆泵加压，由钢塑复合管送至尾矿加压泵站矿浆池；然后由柱塞水冲洗泥浆泵加压，经两条钢塑复合管送至尾矿库（一条为工作管线，一条为备用管线）。

3.3.8　通风除尘

3.3.8.1　通风

对选矿厂工艺生产过程中产生扬尘的设备和物料转运点及采选化验室中各破碎筛分设备等进行除尘设计；对选矿厂主厂房变电所、细碎筛分变电所、井口变电所等车间内的值班室及主控制室等车间设置空调设备；对选矿厂中间矿仓等建筑的地面以下部分进行机械送风；对采选化验室、采掘机械维修车间等车间进行机械排风。

3.3.8.2　除尘

生产过程中各工艺设备和物料转运处散发出一定量的粉尘，为最大限度地减少粉尘对环境的污染，在不影响工艺操作前提下，对各散发粉尘的工艺设施采取有效的尘源密闭措施，并设置机械抽风装置。根据生产工艺的配置、生产作业制度和物料性质，设计合理的除尘系统及除尘设备。含尘废气经各除尘器净化后的排放浓度符合《大气污染物综合排放标准》（GB 16297—1996）的规定。

考虑到选矿厂各车间的分布位置较分散，车间内部各设备的工作制度又有所不同，将整个选矿厂的除尘设施按车间及其内部工艺设备的工作制度共分为19个系统，除采选化验室采用一台袋式除尘器外，其他18个除尘系统全部采用湿式除尘器，各湿式除尘器排出的污水进行专业处理。

4 金属矿床露天开采实习

4.1 实习计划与时间安排

4.1.1 实习计划

金属矿床露天开采生产实习共 14 天，实习计划安排如下：

（1）厂矿三级安全教育，企业专题报告，全面了解情况（2 天）。

（2）工业广场及其他外围参观，完成 4.2.1.1 部分实习内容，撰写实习报告（1 天）。

（3）分组跟班实践（10 天），完成 4.2.2~4.2.7 节实习内容，具体如下：

在值班长和工人师傅的带领下，各实习小组以生产班组成员的身份轮流到技术科、生产科以及安全环保科进行现场跟班学习，系统、深入地了解日常生产细节与整体的关系以及各部门之间的信息流通关系，主要有以下内容：

1）技术科（4 天）。

日程计划安排：露采场矿山地质（1 天）；穿孔和爆破工作（2 天）；矿床开拓（1 天）。

任务：实习并完成实习报告中的 4.2.1 节矿山的地质部分、4.2.2 节和 4.2.6 节的全部实习内容，撰写实习报告。

2）生产科（3 天）。

日程计划安排：生产工艺流程，凿岩，爆破，铲装，运输（2 天）；溜井放矿管理（1 天）。

任务：实习并完成实习报告中的 4.2.3 节、4.2.4 节和 4.2.5 节实习内容，撰写实习报告。

3）安全环保科（3 天）。

日程计划安排：露天采场爆破安全管理（1 天）；排土场安全管理（1 天）；排水防洪管理（1 天）。

任务：实习并完成实习报告中的 4.2.7 节，并对前面所有章节进行补充完善，完成个人实习心得体会，撰写实习报告。

（4）思政主题活动（1 天）。安排实习座谈会、校企联谊文娱、参观紫金山国家矿山公园、思政教育等活动，通过交流进一步总结和提高阶段实习内容。

4.1.2 时间安排

金属矿床露天开采生产实习 14 天时间安排见表 4-1。

表 4-1 紫金山露天矿实习时间安排

项目	时间
安全教育与专家讲座	2 天
跟班轮换实习	10 天
地表设施实习	1 天
思政主题活动	1 天
合计	14 天

4.2 现场实习

生产实习地点在露天金属矿，以紫金山金铜矿为例（见图 4-1），实习内容主要包括穿孔爆破、采装工艺、露天矿运输、排岩工作、露天开采境界、矿床开拓、露天矿采剥方法及生产能力等内容。

图 4-1 紫金山金铜矿露天矿

4.2.1 工业广场及矿山地质实习

4.2.1.1 紫金山选矿厂与大岽背尾矿库

A 实习地点：选矿厂

要求：紫金山金铜矿有第一、第二和第三选矿厂等（见图4-2）。请说明各选矿厂位置选择的依据及选矿厂的基本选矿流程（配照片说明）。

图4-2 紫金山金铜矿选矿厂

B 实习地点：大岽背尾矿库

要求：说明尾矿库（见图4-3）位置选择的原则，紫金山露天矿尾矿库的位置及依据（文字及照片说明）；紫金山露天矿尾矿库堆放量及占地面积、排放方法等。

4.2.1.2 矿床地质

实习地点：紫金山露天矿采矿厂。

要求：用文字、剖面图与平面图等说明紫金山露天矿主要矿体的形状、倾角、厚度、方向等基本情况。

4.2.2 穿孔爆破

金属露天矿采场内的矿岩，一般很难直接用采掘设备将它们从整体中分离出来，必须经过预先破碎。破碎矿岩的手段，主要是借助穿孔爆破工作。在穿孔爆破的生产实习中，进行以下内容的实习。

图 4-3　大崇背尾矿库

4.2.2.1　穿孔工作

露天矿的穿孔方法为机械穿孔，主要有牙轮钻机、潜孔钻机、钢绳冲击式钻机以及凿岩台车等，具体如图 4-4~图 4-7 所示。

图 4-4　Altlas PV351 牙轮钻机

图 4-5　AirROC D45SH 液压履带式潜孔钻机

图 4-6　钢绳冲击式钻机

图 4-7　凿岩台车

实习地点：紫金山露天矿采场。

要求：

（1）以文字或照片等方式说明紫金山露天矿穿孔机械设备的选择原则，紫金山露天矿选择的设备名称、依据、优点和缺点，所使用设备钻孔原理、每台班钻孔米数、钻孔直径及与块度和钻孔速度等的关系、工作时间利用系数及如何提高其系数、穿孔设备数量的计算方法及实际台数等。

（2）写明紫金山露天矿穿孔的工艺流程、要求，提高穿孔精度的方法、检查穿孔质量的人员及方法、现场钻孔工作人员的所有记录表格等。

4.2.2.2　爆破工作

一般露天矿正常台阶爆破参数、装药结构等，如图 4-8 和图 4-9 所示。

实习地点：紫金山露天矿采场爆破装药警戒外安全区域。

要求：

（1）以文字和图等方式写出紫金山露天矿的爆破方法、各种爆破方法使用的条件、对爆破工作的要求（包括实习地点大块率、爆堆形状和尺寸等）。

（2）以文字和图等方式写出紫金山露天矿正常台阶爆破方法爆破参数取值大小，如抵抗线、孔排距、超深、充填长度、炸药单耗及每孔装药量等，写（画）出紫金山露天矿装药结构、布孔方式与起爆网络、微差间隔时间等，说明选择的起爆网络的优缺点等。

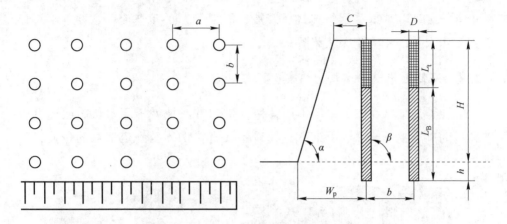

图 4-8　台阶爆破参数

a—孔距；b—排距；α—台阶坡面角；β—炮孔倾角；h—炮孔超深；C—沿边距；D—孔径；

H—台阶高度；W_p—底盘抵抗线；L_t—填塞长度；L_B—装药长度

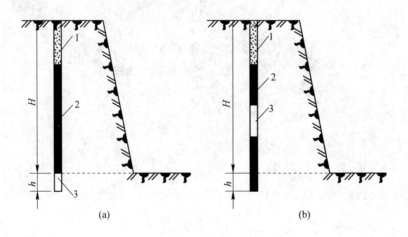

图 4-9　装药结构示意图

（a）分段装药；（b）空气间隔装药

1—堵塞；2—炸药；3—空气

（3）临近边坡的控制爆破一般为预裂加缓冲爆破。写出紫金山露天矿临近边坡的预裂爆破减震的原理、质量要求、临近边坡的预裂孔以及预裂孔与主爆孔之间的缓冲孔参数取值大小，如钻孔直径、钻孔间距、线装药密度、不耦合系数、装药结构、与主爆孔一起起爆的网络起爆平面图、缓冲爆破的优点和缺点等。

（4）完整写出实习期间爆破工作中单次爆破的设计书，各施工要求（炮孔检查、装药、堵塞、网络连接、警戒、起爆等）的工艺流程、要求、现场爆破工作人员的所有记录表格等。

4.2.3 采装工艺

采装工艺是指在露天采场中用某种设备和方法把处于原始状态或经爆破破碎后的矿岩挖掘出来，并装入运输设备或直接倒卸至一定地点的作业，如图 4-10 所示。

图 4-10 采装工作

在金属矿床露天开采中采用各种类型的采掘设备，按功能特征区分为采装设备和采运设备，如单斗挖掘机、推土机等，如图 4-11 和图 4-12 所示。

实习地点：紫金山露天矿采场。

要求：用照片和文字等方法说明紫金山露天矿各种采掘设备，并详细说明各种采装设备的功能和参数（如挖掘机的工作参数和采掘工作面参数）、优缺点、生产能力、挖掘过程等。

4.2.4 露天矿运输

露天矿运输的任务是移运露天采场的基本物料至废石场、选矿厂或贮存

图 4-11　单斗挖掘机

图 4-12　推土机

场,移运辅助料如爆破器材、线路工程材料、采掘机械的零部件、润滑材料以及生产人员至工作地点[4]。紫金山露天矿局部运输平台如图 4-13 所示。

图 4-13　紫金山露天矿局部运输平台

实习地点：紫金山露天矿采场。

要求：

（1）结合紫金山露天矿公路（汽车）运输方式，采用照片加文字的方式详细说明紫金山露天矿采用的运输设备类型（包括匹配设备）、载重量、斗容、转弯半径和平台要求的工作平盘宽度等，并说明设备的优点和缺点。

（2）工作面汽车入换方式有同向行车、回返行车和折返倒车。分析不同入换方式，并观察紫金山露天矿实习地点的入换方式，根据实际情况画出汽车在工作面的入换图。

（3）分析并画出紫金山露天矿直接与采装作业联系的汽车运输、转载站及溜井运输的平面图；安放紫金山露天矿溜井具体位置应考虑的因素及使用溜井的优点和缺点；溜井的断面形状及支护方式、底部放矿装置的组成；溜井降段、排除堵塞、检查等应注意的事项；溜井作业时防止成拱（矿石堵塞）的主要原因及预防措施；溜井贮矿的作用、最小贮矿高度的计算方法及紫金山一般贮矿高度等。

4.2.5　排岩工作

将岩土运送到废石场以一定的方式堆放的作业称为排岩工作。排岩工作是露天矿主要生产工艺过程之一，包括废石场位置与排岩工作方法的选择、废石场的建设和发展、废石场的稳固性与防护措施、废石场的污染控制与复垦等内容。紫金山北口排土场如图 4-14 所示。

图 4-14　紫金山北口排土场

排岩作业如图 4-15 所示。

图 4-15　排岩作业

实习地点：紫金山露天矿北口排土场。

要求：

（1）分析内部废石场和外部废石场的适用条件、优缺点、选用的基本原则，并根据实习地点紫金山露天矿的实际情况，说明北口排土场选用的依据、排土场总容积大小及其计算依据。

（2）金属露天矿的排岩工艺是按运输方法和排岩设备的不同划分的，常用的排岩工艺可分为汽车运输-推土机排岩、铁路运输-挖掘机排岩等。其中，汽车运输-推土机排岩工艺流程如图4-16所示，汽车运输-推土机排岩工艺流程主要包括汽车进入废石场排岩地段进行调车、汽车翻卸岩土、推土机推排、平整场地、整修废石场公路等。

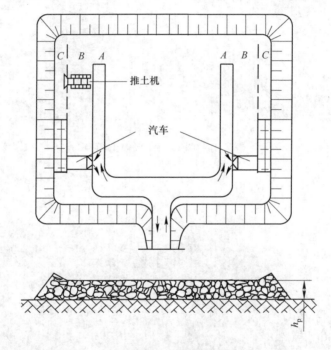

图4-16　汽车运输-推土机排岩工艺

（3）根据紫金山露天矿实际情况，画出汽车运输-推土机排岩作业中的废石场布置图，并分析汽车进入废石场后如何调车和翻卸岩土，调车占地宽度大小，在作业过程中应如何保证汽车卸载安全和充分利用排土场的容积；根据实习地点的实际情况分析并确定推土机和运输汽车的型号、翻卸汽车和推土机的数量、排土线的总长度等，并对紫金山露天矿排土场进行适当的评价。

4.2.6　矿床开拓

矿床露天开拓是开辟地面与露天采矿场各开采台阶以及各开采台阶之间

的矿岩运输通路，以此保证露天采场与受矿点、废石场和工业场区的运输联系，及时准备出新的工作水平。矿床露天开拓有公路运输开拓、铁路运输开拓、公路-铁路联合开拓、胶带运输开拓、斜坡提升开拓等，如公路开拓中的回返式坑线开拓（见图4-17）和螺旋坑线开拓（见图4-18）等。

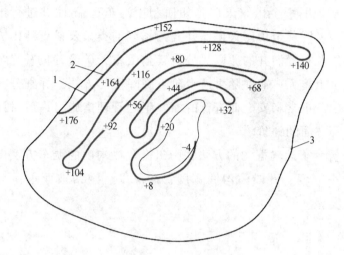

图 4-17 回返式坑线开拓

1—出入沟；2—连接平台；3—露天开采境界线

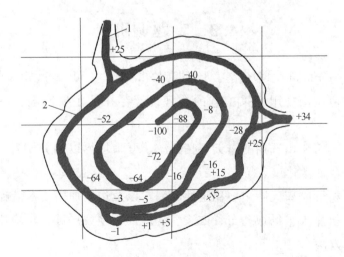

图 4-18 螺旋坑线开拓

1—出入沟；2—连接平台

实习地点：紫金山金铜矿露天矿。

要求：

（1）画出紫金山露天矿公路固定开拓坑线布置图；结合矿山工程发展程序，分别对实习地点新水平的准备程序和开拓沟道的形成，以及与开拓沟道密切相关的开段沟的布置对基建和生产的影响进行分析说明。

（2）分析说明紫金山露天矿是如何利用汽车运输-溜井进行出矿的；结合实习调查，说明紫金山露天矿溜井开拓系统的类型及矿石运出方式；结合实习调查结果及布置溜井的原则，分析紫金山露天矿溜井位置确定考虑的因素；分析紫金山露天矿溜井随生产台阶下降降段的方法；详细分析紫金山露天矿为保证生产正常和安全而进行的溜井生产管理措施；最后对该溜井进行安全、经济等方面的评价。

（3）分析汽车运输掘沟的方法并画出汽车在沟内的调车方法图；计算出入沟沟底最小宽度、开段沟沟底宽度、沟深度、沟帮坡面角、沟的纵向坡度、沟的长度等。

4.2.7　评价

根据所学知识，能对所实习矿山的生产工艺和技术做出一定评价和分析，并对其不合理的地方提出改进措施和建议。

4.3　专题调研

专题调查分析可在现场实习计划期间自行安排，可参考以下内容选题：

（1）实习矿山现用开采工艺的合理性，存在的主要问题，解决问题的途径。

（2）对实习矿山选用的露天开拓系统、开采境界以相关要素参数等进行分析，提出合理性建议。

（3）分析影响露天陡边坡稳定性的因素以及边坡加固技术措施。

（4）分析露天采场炮孔布置方法、合理性，预裂爆破技术应用状况与效果，改进的方法。

（5）分析排土场结构设计和参数设计的合理性，存在问题和改进方法。

（6）分析高台阶开采技术应用情况，存在问题和改进意见、措施。

（7）结合矿山实际，选择自己感兴趣的其他相关的研究课题或分析专题。

4.4 企业专家讲座

4.4.1 安全教育报告

内容主要包括矿山安全生产的规章制度；矿山安全生产的主要技术措施；矿山历年安全事故的简要分析；学生在实习中应具备的基本安全知识。

4.4.2 矿床地质报告

内容主要包括矿区的地理位置及经济条件；矿区地质构造特点，矿床成因，矿石工业类型，矿石工业指标，工程地质及水文地质概况；矿体赋存条件，有用矿物类型，有用及有害元素的分布规律；矿石和围岩的物理力学性质；矿区气候条件及其对露天矿生产的影响；生产勘探，结合地质横剖，纵剖图及分层平面图介绍各级贮量的分布情况。

4.4.3 露天开采工艺报告

内容主要包括紫金山金铜矿露天矿开采工艺演变过程及发展前景；露天开采境界的确定；穿孔、爆破、采装、运输、排土等工艺的特点和主要设备情况；各生产工艺过程主要技术参数的确定原则以及经验教训；现有采、剥工程发展顺序及其经济效果，三级贮量的保有情况；露天矿最终边坡角的确定及维护边坡稳定的措施；矿石质量的管理；全矿管理系统，现有生产人员的分配情况，矿山生产的主要技术经济指标；矿山环境保护措施；先进经验及技术革新措施。

4.4.4 企业管理报告

主要介绍生产成本控制专题，包括：生产管理、劳动工资和财务成本方面的内容。

4.5 课程思政元素

露天金属矿山实习时，思政元素涉及绿水青山就是金山银山的环保理念；因矿生法，具体问题具体分析方法；安全至上、以人为本的生产经营理念。

党和国家为人民谋幸福、为民族谋复兴的初心和使命；贫富兼采、珍惜不可再生资源的矿山开发原则；科学的进步对矿山开采技术的推动作用；现代信息技术等新技术在传统产业的应用和发展；接纳、探索新工艺、新技术的勇气和精神；精益求精、胆大心细的职业操守。

以人为本、安全第一的生产理念；我国矿业制造业的发展之路及《中国制造 2025》计划；党的十九大报告中"建设知识型、技能型、创新型劳动者大军，弘扬劳模精神和工匠精神"对新时代矿业人才的要求；党的二十大报告中"加快建设国家战略人才力量，努力培养造就更多卓越工程师、大国工匠、高技能人才"对新时代矿业人才的要求；我国面临激烈的矿业国际竞争而对智能开采的要求；矿山复垦对生态恢复的积极作用。

4.6   露天开采实习思考题

露天开采实习思考题如下：

(1) 矿井地质资源量，矿井工业资源储量，矿井设计可采储量各是多少？

(2) 实习矿山内主要的地质构造有哪些？对矿山开采有何影响？

(3) 画出实习矿山地表各工业场地与矿体的相对位置图。

(4) 确定露天开采境界的主要原则是什么？

(5) 实习矿山的服务年限为多久？简述其工作制度。

(6) 实习矿山采用的台阶高度是多少？影响台阶高度的主要因素有哪些？

(7) 为什么说穿孔爆破是影响露天矿生产的重要工艺环节？

(8) 露天矿主要爆破危害有哪些？

(9) 实习矿山采用了哪些因地制宜的技术来降低损失贫化？

(10) 列出实习矿山露天开采的主要技术经济指标。

(11) 露天坑排水主要来自大气降水，简述实习矿山的排水系统。

(12) 露天矿边坡变形是露天开采最大的安全隐患，简述实习矿山的边坡监测系统。

(13) 分析实习矿山的智能化进程。

(14) 你觉得限制实习矿山生产发展最大的因素是什么？

(15) 经过 14 天的实习和认识，对目前矿山生产不合理的地方提出改进措施和建议。

5 金属矿床地下开采实习

5.1 实习计划与时间安排

5.1.1 实习计划

金属矿床地下开采生产实习共 14 天，计划安排如下：

（1）企业专题报告、安全教育学习及考核、班组学习及跟班岗前培训等，全面了解情况（2 天）。

（2）地面参观，包括主副井口房、地面选厂、废石场、尾矿坝、卷扬机房等，完成 5.2.1 节实习内容，撰写实习报告（1 天）。

（3）分组跟班实践，完成 5.2.2~5.2.5 节实习内容（10 天），具体如下：在值班长和工人师傅的带领与领导下，全班根据实际情况进行地下跟班实习并在下午到采矿车间等，系统、深入地了解日常生产细节与整体的关系以及各部门之间的信息流通关系，主要有以下内容。

1）安全科：带队下井，开展井下作业安全教育，了解井下生产全流程，完成 5.2.2 部分的实习报告内容的撰写，共 2 天。

2）采掘车间：参观井下开拓系统、平巷掘进工作面、斜井/斜坡道掘进工作面等；理解竖井开拓、胶带斜井开拓、斜坡道开拓特点，共 2 天，完成 5.2.3 部分的实习报告内容撰写。

3）技术科、提升车间：参观中段运输系统、提升系统、溜破系统等；了解采场凿岩、爆破、通风、出矿、支护等工艺，共 3 天，其间完成 5.2.4 部分的实习报告内容撰写。

4）技术科、充填车间：参观井下回采工作面，开展采矿工艺实习，参观充填站及井下充填系统，共 3 天，完成 5.2.5 部分的实习报告内容撰写，并对前面所有章节进行补充完善，完成个人实习心得体会，撰写实习报告。

（4）思政主题活动（1 天）。安排实习座谈会、校企文体比赛、党建共建联学、安全知识竞赛等活动，通过交流进一步总结和提高阶段实习内容。

5.1.2　时间安排

金属矿床地下开采生产实习 14 天时间安排见表 5-1。

表 5-1　紫金山地下矿实习时间安排

项目	时间
安全教育与专家讲座	2 天
井下跟班轮换实习	10 天
工业场地参观	1 天
思政主题活动	1 天
合计	14 天

5.2　现场实习

可根据以下内容撰写实习报告：实习地点的矿床开采步骤和三级储量、矿床开拓方法及布置、回采工作主要过程、采矿方法等内容。

5.2.1　地面参观

根据参观情况，实地记录并在实习报告中体现以下内容：

（1）以整体开拓系统图、现场照片及文字等方法为例说明主井、副井、通风井、充填井等井筒的位置及其相互联系；

（2）以照片和文字等方法说明卷扬机房位置、提升机及电机型号和性能。

5.2.2　金属矿地下开采总论

5.2.2.1　开采矿床的工业特征

实习地点：金属矿山地采厂。

要求：收集实习地点中矿石和围岩的物理力学性质，主要包括力学性质、物理性质、矿体周边情况、矿体埋深及走向长度、矿体形状、矿体倾角、矿体厚度等，并用剖面图和平面图等形式客观表示出来，为后面的实习提供资料保障。

5.2.2.2 矿床回采单元的划分及其开采顺序

在开采缓倾斜、倾斜和急倾斜矿体时，在井田中每隔一定的垂直距离，掘进一条或几条与走向一致的主要运输巷道，将井田在垂直方向上划分为矿段，这个矿段叫阶段。上下两个相邻阶段运输巷道之间的垂直距离叫阶段高度，各阶段之间再划分为矿块（见图5-1）。影响阶段高度的因素很多，如矿体的倾角、厚度、走向长度、矿岩的物理力学性质、采矿方法等。

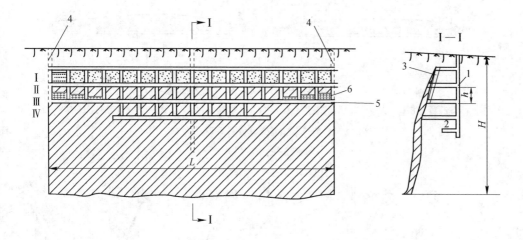

图 5-1　阶段和矿块的划分

Ⅰ—已采完阶段；Ⅱ—正在回采阶段；Ⅲ—开拓、采准阶段；Ⅳ—开拓阶段；H—矿体垂直埋藏深度；
h—阶段高度；L—矿体的走向长度；1—主井；2—石门；3—天井；4—排风井；
5—阶段运输巷道；6—矿块

阶段中的矿块开采顺序，有前进式、后退式（见图5-2）和混合式；相邻矿体时，矿体倾角小于或等于围岩的移动角时，应采取从上盘向下盘推进的开采顺序；当矿体倾角大于围岩的移动角时，一般采取先采上盘矿体后采下盘矿体的开采顺序，如图5-3所示。

实习地点：金属矿山地采厂。

要求：

（1）结合实习地点实际情况，分析这些因素，说明实习地下矿阶段高度确定考虑的条件和最终确定的高度。

（2）结合实习地点的矿床埋藏条件、矿岩稳固性等，分析阶段中矿块的开采顺序，并说明其优点和缺点。

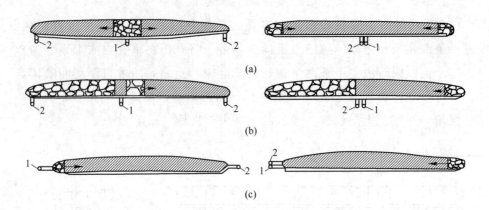

图 5-2　阶段中的矿块开采顺序示意图

（a）双翼前进式（左），双翼后退式（右）；（b）单翼前进式（左），单翼后退式（右）；

（c）侧翼前进式（左），侧翼后退式（右）

1—主井；2—风井

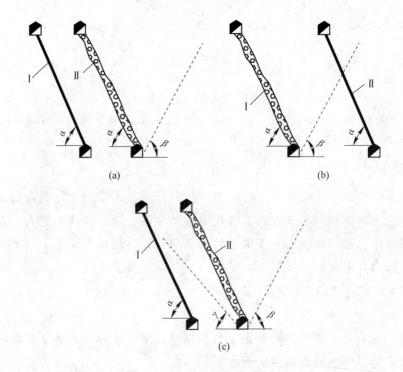

图 5-3　相邻矿体的开采顺序

（a）（b）矿体倾角小于或等于围岩移动角；（c）矿体倾角大于围岩移动角

α—矿体倾角；β—下盘围岩移动角；γ—上盘围岩移动角；Ⅰ，Ⅱ—相邻两条矿脉

5.2.2.3 矿床三级储量

实习地点：金属矿山地采厂。

要求：请根据实习地点实际情况，通过计算和分析的方法，说明实习地下矿三级储量理论情况及目前实际情况。

5.2.3 矿床开拓

5.2.3.1 矿床开拓方法

金属矿床的地形和矿床赋存条件比较复杂，当进行地下开采时采用的开拓方法也较多。如平硐开拓方法（见图 5-4）、斜井开拓法（见图 5-5）、竖井开拓法（见图 5-6）、斜坡道开拓法（见图 5-7）等。

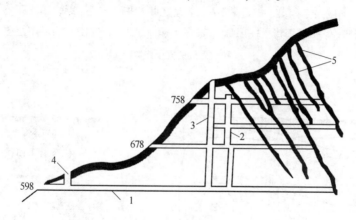

图 5-4 下盘平硐开拓

1—主平硐；2—主溜井；3—辅助竖井；4—入风井；5—矿脉

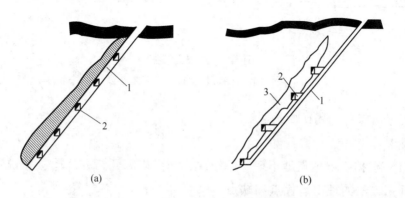

图 5-5 脉内斜井开拓（a）和脉外斜井开拓（b）

1—斜井；2—沿脉巷道；3—矿体

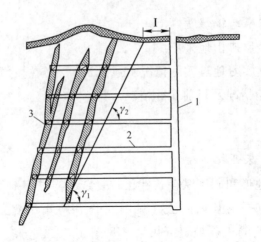

图 5-6　下盘竖井开拓

1—下盘竖井；2—阶段石门；3—沿脉巷道；γ_1，γ_2—下盘岩石移动角；Ⅰ—下盘竖井至岩石
移动界线的安全距离

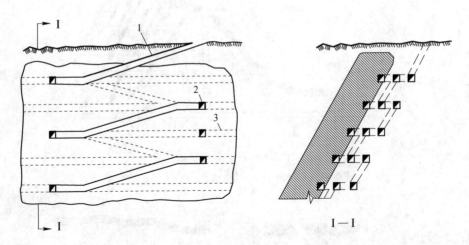

图 5-7　斜坡道开拓

1—斜坡道；2—石门；3—阶段运输巷道

实习地点：金属矿山地采厂。

要求：

（1）根据实习地点地下矿实际情况，画出矿床开拓方法图，并说明选择目前开拓方法的理由、优点和缺点。

（2）结合实习情况，对井巷掘进施工工艺，采用的凿岩、出矿、运输设备，炮孔布置及装药爆破参数，起爆药包的位置，井巷掘进时的通风设备及通风方式，井筒、平巷等巷道断面尺寸，巷道掘进时出碴设备及出碴方式、井巷支护方式等通过画图、文字等手段进行详细说明。

5.2.3.2 主要开拓巷道的位置及支护

实习地点：地下金属矿山采矿厂。

要求：根据实习地点的实际情况，在矿床开拓的基础上，重点标出副井、通风井、溜井、充填井等的位置及断面尺寸，形状，支护方法，并说明其位置选择的理由、优点和缺点。

5.2.3.3 井底车场及硐室

井底车场连接着井下运输与井筒提升，提升矿石、废石和下送材料、设备等，都要经由这里转运（见图5-8）。

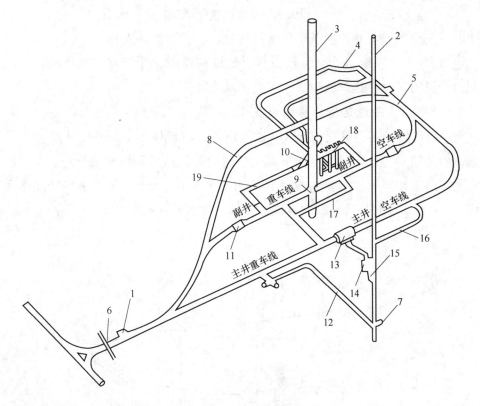

图 5-8 井底车场及硐室

1—躲避硐室；2—主井；3—副井；4—水仓；5—回车线；6—石门；7—井底水涡泵房；8—电机车库及维修硐室；9—马头门；10—管子道；11—阻车器；12—主井清理斜巷；13—推车机及翻车机硐室；14—箕斗装载硐室；15—矿仓；16—井下爆炸材料库；17—等候室；18—中央水泵房及变电所；19—防火门硐室

实习地点：金属矿山地采厂。

要求：

（1）根据实习地点实际情况，画出井底车场的主要线路和硐室，并用画图的形式说明井底车场的形式及选择的理由、优点和缺点。

（2）根据实习地点实际情况，回答主要硐室的如下问题。

1）地下破碎和装载硐室：地下破碎和装载硐室的位置选择理由、优点和缺点；

2）卸矿硐室：各种卸矿硐室规格（底卸式、侧卸式等）卸矿方式，调车方式；

3）地下水泵房和水仓：水泵房位置，水泵型号及性能，阶段涌水量、昼夜排水量，水泵房规格，水仓形式、容积和水仓的清理方法，水泵房的标高及安全出口等并说明其位置选择的理由、优点和缺点；

4）地下变电所：电气设备型号及性能，变电所与水泵房之间的关系，变电所安全出口等并说明其位置选择的理由、优点和缺点；

5）井下压风机房：空压机型号、数量和性能，冷却方式及压机工作状态，并说明其位置选择的理由、优点和缺点。

5.2.3.4　阶段运输巷道的布置

中段需要开拓一系列的运输巷道及硐室，将矿体与主要开拓巷道（各种掘进的井筒）连接起来，从而形成完整的运输、通风和排水，给井下人员造成良好的工作环境和必要的条件（见图5-9 紫金山金铜矿地下矿-50m平面图），其主要目的是满足矿岩运输、通风、排水和探矿等要求。

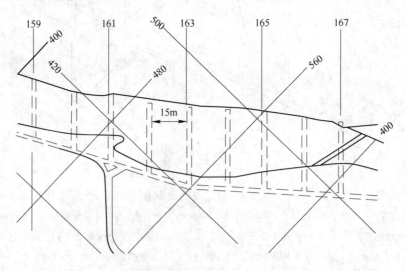

图5-9　紫金山金铜矿地下矿-50m平面图

实习地点：金属矿山地采厂。

要求：根据实际地点实际情况，画出阶段运输巷道的布置形式、规格及敷设情况（轨道、管理、架线水沟等），道岔种类及布置形式、巷道坡度等，并说明其布置的理由、优点和缺点；说明矿井排水系统，如矿井疏干工程（疏干巷道、硐室、钻孔等）。

5.2.4　回采工作主要过程

5.2.4.1　落矿

回采工作中，将矿石从矿体分离出来并破碎成一定块度的过程，称为落矿。落矿方式分为凿岩爆破、机械落矿、水力落矿等。

实习地点：金属矿山地采厂。

要求：根据实习地点实际情况，说明实习地下矿的落矿方式，并用文字和图的方式说明实习地下矿山爆破法落矿的工艺流程及具体爆破参数。

5.2.4.2　矿石运搬

将回采崩落的矿石，从工作面运搬到运输水平的过程，称为矿石运搬，其形式有重力运搬和机械运搬等。重力运搬是回采崩落的矿石在重力作用下，沿采场溜至矿块底部放矿巷道，直接装入运输水平的矿车中的方法，具体如图 5-10 和图 5-11 所示。机械运搬有电耙运搬、自行设备运搬、振动出矿机等。

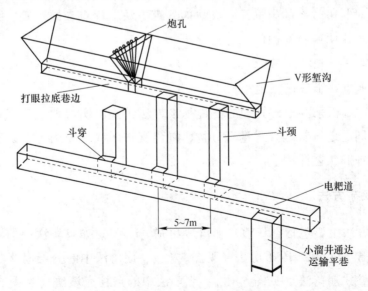

图 5-10　V 形堑沟受矿单侧电耙巷道底部结构

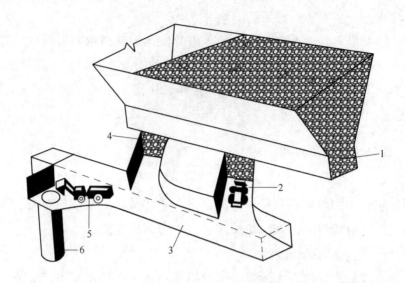

图 5-11　V 形堑沟受矿无轨出矿底部结构

1—V 形堑沟；2—出矿进路；3—阶段运输巷；4—放矿口；5—无轨矿车；6—溜井

实习地点：金属矿山地采厂。

要求：结合实习地下矿运搬方式，说明其适用条件。分析实习地点自行设备运搬矿石的各种设备型号及数量、容积、有效运距、平均台班效率、运搬设备对巷道规格的要求、运搬设备运行情况及影响矿石运搬效率的因素、矿石块度对装矿效率的影响及对大块的处理方法、优点和缺点等，并用文字和图的形式说明矿石运搬的工艺流程。

5.2.4.3　采场地压管理

实习地点：金属矿山地采厂。

要求：分析采场地压管理的三种基本方法，并就实习地下矿巷道、采空区两种不同的地压管理方式进行分析，画出支护图或充填图等，说明其地压管理的原理和工艺流程。

5.2.5　采矿方法

采矿方法主要包括空场法、崩落法和充填法[5]。如空场法中的浅孔留矿法（见图 5-12）和阶段矿房法（见图 5-13）；崩落法中的分层崩落法（见图 5-14）和壁式崩落法（见图 5-15）；充填法中的点柱充填法（见图 5-16）和房柱嗣后充填（见图 5-17）；以及空场法与充填法相结合的大直径深孔阶段空场嗣后充填采矿法[6]（见图 5-18），采用阶段空场嗣后充填采矿法的典型矿山如紫金山金铜矿，其地采厂充填站如图 5-19 所示。

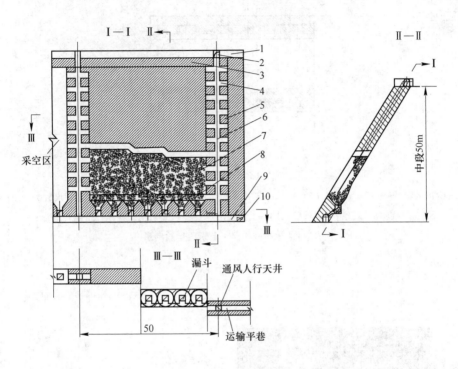

图 5-12 浅孔留矿法

1—回风巷道；2—回风联道；3—顶柱；4—采场联络道；5—间柱；6—采场通风人行井；
7—回采矿石；8—拉底巷道；9—运输平巷；10—局扇

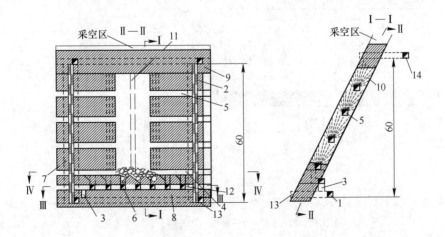

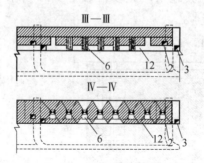

图 5-13 阶段矿房法

1—阶段运输平巷；2—通风人行天井；3—矿石溜井；4—拉底空间；5—分段凿岩巷道；6—斗穿；

7—间柱；8—底柱；9—顶柱；10—上向扇形深孔；11—切割天井；12—电耙巷道；

13—穿脉巷道；14—上阶段运输巷道

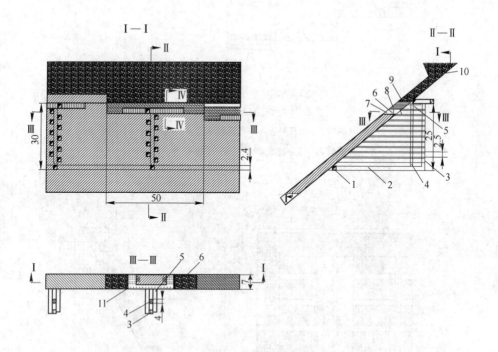

图 5-14 分层崩落法

1—运输巷道；2—装矿横巷；3—人行材料天井；4—溜井；5—分层回风联络道；6—回采进路；

7—木支柱；8—地梁；9—假顶；10—岩石；11—木地梁

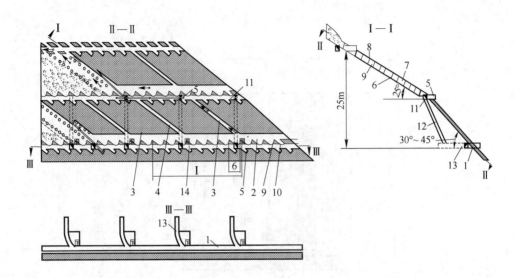

图 5-15　壁式崩落法

1—中段运输巷道；2—切割平巷；3—切割上山；4—炮孔；5—电耙硐室；6—立柱；7—临时木隔板；
8—矿体；9—底柱；10—联络道；11—电耙道；12—溜矿井；13—装矿横巷；14—人行材料天井

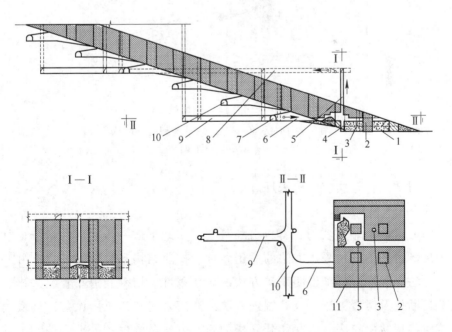

图 5-16　点柱式充填采矿法

1—充填体；2—点柱；3—矿石溜井；4—滤水井；5—通风充填井；6—采场联络道；7—中段运输
巷道；8—利旧回风巷道；9—溜井、滤水井脉外联络道；10—分段巷道；11—间柱

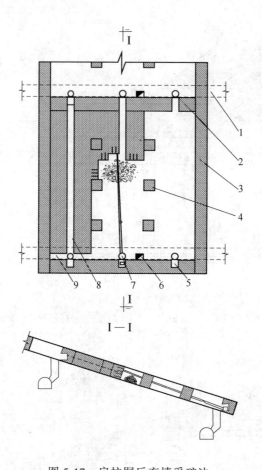

图 5-17　房柱嗣后充填采矿法

1—脉外运输巷道；2—底柱；3—间柱；4—矿柱；5—电耙硐室；6—人行天井；7—矿石溜井；

8—切割上山；9—切割平巷

实习地点：金属矿山地采厂。

要求：

（1）结合地下矿实习，详细分析说明实习地下矿一步矿房、两步矿柱回采中现场采用的两种采矿方法的适用条件、矿块结构和参数的依据，并画出采矿方法三视图。详细说明采矿方法的矿块采准、切割巷道布置，采准、切割巷道断面及凿岩方法，天井掘进方法，开凿采切巷道所用设备；切割时漏斗或堑沟形状，拉底、劈漏和开立槽的施工方法及顺序；采准、切割、回采工作的流程，画出漏斗或堑沟和采场小孔或大孔爆破自由面形成的方法图（掏槽过程），不同种类的爆破情况，如装药连线及起爆方法、矿用炸药种类及性

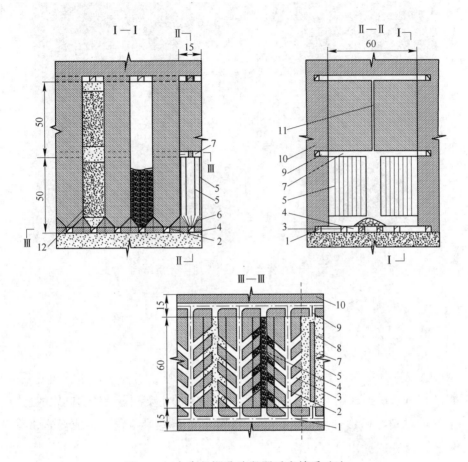

图 5-18　大直径深孔阶段嗣后充填采矿法

1—阶段运输平巷；2—出矿巷道；3—装矿进路；4—拉底巷道；5—大直径炮孔；6—扇形中深孔；
7—凿岩硐室；8—凿岩硐室矿柱；9—凿岩硐室联络道；10—隔离矿柱；
11—切割天井；12—充填体

能、装药方式、装药器型号及性能、装药时，对孔口的填塞方法及填塞长度、每米平均炮孔崩矿量，平均一次单位炸药消耗量、大块产出情况、二次破碎方法、二次破碎炸药单耗量、二次破碎时通风方式、采场通风方式及设备，存在的问题等，并画出相应图形。

（2）详细说明两步矿柱回采中充填的施工工艺、充填体基本参数；最后，对所采用的采矿方法进行评价，说明其选用的优点和缺点，还有其他什么采矿方法也适用本地质条件并进行开采，并对目前矿山生产不合理的地方提出改进措施和建议。

图 5-19   紫金山金铜矿地采充填站

5.3   专题调研

专题调查分析可在现场实习计划期间自行安排，可参考以下内容选题：

（1）分析矿山现用采矿方法的合理性，存在的主要问题及解决问题的途径。

（2）对实习矿山选用的采矿方法结构、采准巷道布置，构成要素，底部结构进行分析，提出合理性建议。

（3）分析落矿方法及落矿参数的合理性，产生大块的原因，减少大块率的措施，提出提高落矿质量的途径。

（4）分析造成矿石损失和贫化的原因及降低矿石损失贫化的途径。

（5）分析影响凿岩效率、出矿效率的因素及提高凿岩效率，出矿效率的措施。

（6）简述实习矿山采场地压管理方法存在哪些问题，并提出改进方法。

（7）其他专题。对通风、运输提升等自己感兴趣的相关领域进行专题分析。

5.4   企业专家讲座

听取地质报告、通风安全报告、矿床开拓及井巷掘进报告、采矿方法报告，对矿山生产进行一般性全面认识（如矿区概况，地质构造，矿体赋存条件，矿区开拓系统，矿井提升运输、通、排、压系统，阶段内矿块布置，矿区所用采矿方法等），为实习报告的撰写打下基础。

5.4.1　地质报告

地质报告主要包括以下内容：

（1）矿床地质概况。

1）矿区地形特征、标高等；

2）矿床成因及地质构造；

3）矿体数量及产状，矿床赋存要素（矿体埋藏深度及赋存深度，矿体形态，矿体规模，空间分布情况，矿体倾向及倾向延伸，矿体走向及走向长度，矿体沿走向及沿倾斜的变化情况，矿体倾角及变化情况，矿体厚度及变化情况），矿体上、下盘围岩情况，矿体与围岩接触情况等；

4）矿石和围岩的物理力学性质及化学性质（硬度、稳固性、坚固性、松散性、含水性、氧化性、结块性、自燃性、孔隙度、矿岩容重、自然安息角、崩落角，断层破坏情况、节理发育情况等）；

5）矿石种类、类型及特征，矿石质量及品位变化情况（边界品位、最低工业品位、围岩所含品位、平均品位等）；

6）夹石层分布情况，夹石层厚度，夹石层剔除厚度。

（2）矿床勘探类型，勘探方法及网度；生产探矿方法，钻探使用的设备及钻探硐室规格。如何实现探采合。取样、编录、样品加工方法、矿块储量计算方法。

（3）水文地质概况。

1）水文地质条件；

2）矿井最大涌水量及一般涌水量；

3）矿床的疏干工程及疏干方法。

5.4.2　通风安全报告

通风安全报告主要包括以下内容：

（1）矿区通风系统。

1）通风巷道（竖井、斜井、平巷、天井）分布情况；

2）通风方式（出、入风流线路）；

3）返风装置及使用情况；

4）通风设备及数量，设备安装位置；

5）采场内通风线路及通风设备，采场通风中存在的问题；

6）通风管理方法。

（2）井下生产安全。

1）井下生产安全的重要性及注意问题；

2）矿井安全技术（防尘、防火、防水等措施）。

5.4.3　矿床开拓及井巷掘进报告

矿床开拓及井巷掘进报告主要包括以下内容：

（1）矿区自然概况。

1）矿区地理位置。

2）矿区气候条件、年降雨量、最高洪水位、风向、年最高和最低气温。

3）矿区水系情况。

4）矿区内、外部交通运输条件，矿区附近的工农业发展情况，劳动力来源，动力来源及生产资料来源。

（2）矿区开采简史。

（3）矿区工业广场布置。

1）井筒（主井、副井等）位置，通风井，充填井等位置及其相互之间的关系，井筒断面。

2）卷扬机房：提升机和电动机型号、性能，每班提升的矿石量和废石量，提升速度（提升矿石和人员）等。

3）压风机房：空压机型号、性能及数量，压气压力，沿管路输送中的压力损失，采场工作面压气的压力等。

4）扇风机房：扇风机型号、性能及台数，返风系统，通风井巷的断面积及实际风速。

5）废石场地：废石场的位置选择，废石堆放量及占地面积。

6）地面火药库：火药库位置选择。

7）选矿厂：选矿厂位置，选厂到井口之间的相互位置关系；破碎机型号及性能，对处理矿石块度的要求，选厂工艺流程，选矿厂对矿石品位的要求，尾矿处理及尾矿坝位置选择。

8）矿石和废石地面运输线路布置。

9）其他主要建筑物、构筑物、居民区分布等情况。

（4）矿区开采现状。

1）矿区开采范围的确定，井田的划分及其划分原则，矿山及各矿井的年产量。

2）全矿各生产车间的组成。

3）国家对矿山产品种类、数量与质量要求，产品成本及销售价格。

4）矿井基建、生产和结尾时间，矿山服务年限。

5）采出矿石成本品位及矿石块度，选矿厂的日处理量。

（5）矿床开拓。

1）开拓方法及其选择的依据：主要开拓巷道的类型、数目、用途及规格，主要开拓巷道的位置（坐标及井口标高）及支护方式。

2）阶段高度及其选择依据：阶段的划分，各阶段的生产情况，矿井开采深度，各井筒开掘深度。

3）矿井提升设备的型号及其选取依据：矿井提升能力，提升容器规格和有效载重量。

4）矿区开拓系统：矿区提升、运输、通风、排水、供电、供水、压气等系统（包括所用设备型号、数量等）。

5）井底车场：井底车场形式及其使用条件（包括竖井和斜井），井底车场各段线路长度和坡度要求，井底车场中的机械装备（阻车器、推车机、摇台、托台等）；车场内运输巷道的布置形式及其使用条件；调车方式，车场内运输巷的规格及支护方法，弯道处的曲率半径，外轨超高和巷道加宽值。

6）阶段内同时工作的电机车台数，矿车数及其选取依据，一列车的矿车数。

7）阶段内有效矿块数及其确定方法，同时工作的矿块数（采准、切割，回采矿房、回采矿柱）。

8）井下主要硐室及其安装的设备（型号、数量、性能等），硐室的规格及支护方法（井下硐室包括水泵房、变电站、火药库、压风机房、卸载硐室等）。

9）矿用电机车型号，生产阶段的电机车总数和备用机车数；全矿机车总台数（工作和备用数）。

10）矿用矿车。矿车种类及容积，生产阶段内各种矿车数量，各种矿车备用数量。金矿矿车总数（工作和备用量），矿车定点分布情况，一列车所拉的矿车数。

（6）井巷掘进。

1）井筒（竖井、斜井等）断面及支护方式。

2）井筒内装备，提升设备型号、容积。

3）井筒掘进及延伸施工方法，所用凿岩提升设备型号、数量等。

4）天井施工方法，天井断面确定，掘进天井所用设备等。

5）溜井断面、溜井施工方法及溜矿井维护。

6）平巷掘进：断面的确定、施工方法、凿岩设备、运输设备；平巷掘进中的炮眼布置、炮眼深度、装药和起爆方法（平巷掘进包括阶段运输大巷、电耙道、装矿巷道、拉底水平、分段巷道等上平巷道的掘进和出碴方法）。

7）井巷掘进中的劳动组织及工作循环。

8）井巷掘进中的施工顺序。

5.4.4　采矿方法报告

采矿方法报告主要包括以下内容：

（1）矿山现用采矿方法种类，演变过程，存在问题，改进方法及其发展趋势。

（2）矿块布置方式及布置原则。

（3）矿块构成要素及其确定依据，包括阶段高度、矿块长度、矿块宽度、允许暴露面积及矿柱等。

（4）矿块采准工作。

1）采准巷道布置方式及其布置原则。

3）采准巷道施工方法和施工顺序。

3）掘进采准巷道时出碴方式及设备。

4）掘进采准巷道所用凿岩设备型号、性能和数量，炮孔布置及装药起爆方法。

5）开凿采准巷道时的劳动组织。

6）各采准巷道的断面尺寸和支护方法。

（5）矿块切割工作。

1）切割巷道布置方式、布置原则。

2）底部结构形式及其选择依据，使用中存在的问题。

3）拉底、劈漏和开切割立槽的方法及其施工顺序，炮眼布置；所用凿岩设备型号和数量，出碴方式和出碴设备。

4）拉底、劈漏及开立槽与矿房回采之间在时间上和空间上的合理配合。

（6）矿房回采工作。

1）矿房落矿参数的确定及确定依据。

2）工作面形式。

3）炮孔布置形式及布置原则（炮孔利用系数的确定）。

4）凿岩设备型号、性能及数量，凿岩机在一个班内有效工作时间，停工原因、凿岩工人数。

5）装药及爆破：矿用炸药种类及性能，装药方式、装药密度；药包规格、连线方式及起爆方法，单位炸药消耗量，每米孔崩矿量。

6）采矿地压管理方法，存在问题及其改进方向。

7）采场矿石运搬方式，运搬设备型号、数量及性能，存在问题及其改进方向；崩落采矿法的放矿制度及管理。

8）回采中劳动组织及工作循环（包括循环图表）。

9）二次破碎方法，二次破碎中存在问题及其改进方向，二次破碎单位炸药消耗量，大块率。

10）漏口闸门种类，选择依据，使用条件，使用中存在的问题。

（7）矿柱回采工作：矿柱回采方法，所有设备，炮孔布置方式，起爆方法，矿柱回采中存在的问题及其改进方向。

（8）采空区处理：

1）现有采空区数量，存在问题，解决办法。

2）处理采空区的方法。

（9）回采矿柱、处理空区与矿房回采在时间上和空间上的合理配合。

（10）矿房回采和矿柱回采时的技术经济指标，包括矿房生产能力、采场工人劳动生产率、凿岩效率、出矿效率、采准系数、矿石损失率和贫化率、采出矿石品位、单位炸药消耗量、主要材料消耗等。

5.5　课程思政元素

地下金属矿山实习时，思政元素涉及工程设计时的整体性、统筹性、全局性考虑；社会主义制度对矿业技术发展的促进作用；我国采矿技术在世界的先进性；井下开采水资源循环利用与污染防控；安全第一的生产理念；矿业开发承担的社会责任；新中国成立以来我国矿业科技和制造业的飞速发展情况；抓住核心问题解决生产难题的方法；解决同一问题时方法的多样性，开拓创新精神；利用矿山大宗固体废弃物进行井下充填，以废治害的生产理念；贫矿与富矿协同开采，珍惜不可再生资源的意识。

安全生产、不违规作业的遵规守法、安全生产思想；个体是整体的一部分，培养集体主义和精诚合作精神；设备选型的节能环保原则；艰苦奋斗、甘于奉献、敢为人先的工匠精神；相互帮助、相互协作的团队精神。

5.6　地下开采实习思考题

地下开采实习思考题主要包括以下内容：

（1）矿井地质资源量，矿井工业资源储量，矿井设计可采储量各是多少？

（2）实习矿山内主要的地质构造有哪些？对矿井开采有何影响？

（3）画出实习矿山地表各工业场地与矿体的相对位置图。

（4）实习矿山采用了什么开拓系统？从经济上、基建工程量上以及项目的实施条件（结合矿体的赋存条件）出发，试述该矿山为什么采用这种开拓系统？

（5）实习矿山共有几个井筒？各有什么作用？

（6）实习矿山的矿井巷道布置图与教科书中所列举的巷道布置图有何区别？

（7）实习矿山采用了哪些方法来进行地压管理？

（8）简述采掘工作面的工艺流程、巷道支护方式、材料规格。

（9）实习矿山采用哪种运输方式？使用该运输方式给矿山效益带来了什么帮助？

（10）针对局部通风困难的地方，矿山提出了什么样的解决方案？

（11）简述实习矿山的排水系统，思考井下排出的水的源头在哪里？

（12）用系统工程理论思考矿山八大系统是如何配合使得矿山高效运作的？

（13）假如实习矿山计划在未来推行智能化采矿，你觉得有哪些阻碍？

（14）你觉得限制实习矿山生产发展最大的因素是什么？

（15）经过 14 天的实习和认识，对目前矿山生产不合理的地方提出改进措施和建议。

6 虚拟仿真实验操练

6.1 概　　述

　　虚拟仿真是用一个系统模仿另一个真实系统的技术，即通过网络系统模拟现实生活中的不同试验，从而获得想要得到的结果。

　　国家虚拟仿真实验教学项目、精品在线开放课等优质平台的建设，为工科生产实践提供了有别于传统的全新体验[7]。采矿工作具有矿山偏僻、井下黑暗、作业高危、环境艰苦等特点，对于大采场、采空区、断层区等高危区域，或者采场落矿、溜井放矿、竖井提升等"暗箱"工序，三维虚拟仿真技术可较好地还原现场开采技术条件及作业工序，使实习人员能安全、准确、全面地融入生产实际中。

　　目前，国家虚拟仿真实验教学课程共享平台上有 27 个省部级以上矿业类虚拟仿真平台，本书精选了福州大学开发的露天矿台阶爆破工艺流程虚拟仿真系统及江西理工大学开发的金属矿床地下开采工艺虚拟仿真系统，以此为例介绍采矿虚拟仿真实验操作流程，从而有效地扩展现场生产实习的内涵，协同提高采矿工程生产实习质量。

6.2　露天矿台阶爆破虚拟仿真

6.2.1　虚拟仿真系统简介

　　该虚拟仿真平台由福州大学与长沙迪迈数码科技股份有限公司联合开发，2019 年 1 月完成平台的主体实验模块建设，正式上线开展爆破实验运行。本系统通过对露天台阶爆破完整的场景三维仿真，对整个爆破流程，主要包括爆破参数和爆破工艺的设计、钻孔、验孔、装药、堵塞、网络连接、警戒和起爆、爆后检查及处理等，进行虚拟再现。采用第一视角的主场景方式，为学生带来现场的体验，快速掌握露天台阶爆破的整体工艺流程和爆破设计方案。

　　为保证达到实验效果，在虚拟场景中加入专项作业和任务闯关，使学生在详细了解与掌握爆破参数设计和爆破工艺流程的同时，对施工组织和安全注意事项等问题有一个系统认识。同时，通过虚拟实践，学生能够在较短的时间内对整个露天台阶爆破有直观三维立体视觉的感受，更能准确地把握到生产环节上的关键点，从而培养出采矿独有的系统观与大局观。

6.2.2 界面操作介绍

进入国家虚拟仿真实验教学项目共享服务平台（网址：http：//www.ilab-x.com），搜索露天矿台阶爆破工艺流程虚拟仿真实验，如图 6-1 所示。

图 6-1 搜索界面

图 6-1 彩图

点击进入，如图 6-2 所示。

图 6-2　进入界面

观看右侧指导视频之后，点击"我要做实验"，登录后进行实验。

图 6-2 彩图

6.2.3　台阶爆破实验步骤

场景建设：主场景中（见图 6-3），三维仿真一栋民房，在距民房 20m 外仿真一个渐高的台阶，台阶高度也随着高度的增加而增加，同时岩石的特性参数（主要包括岩石硬度系数、岩石完整性、是否有水、岩石抗压拉及剪强度、岩石密度等）也会相应地有不同的变化。作为台阶爆破实验基地。

（1）步骤一：露天三维台阶模型确定。在三维台阶参数选取栏（见图 6-4）中，确定三维台阶的各项参数。其中通过选取不同的三维台阶编号，相对应的会在主场景中对其所选的台阶位置和外表进行展示，同时对其各项参数（岩石的硬度系数、岩石完整性、是否有水、岩石抗压拉及剪切强度、岩石密度、台阶高度、距民房距离等）进行介绍。

（2）步骤二：露天台阶爆破爆破器材的参数设置。在爆破器材参数设置栏里，分为炸药、起爆器材、辅助工具三大模块。炸药模块中三维仿真乳

图 6-3 场景总体

图 6-3 彩图

台阶参数表

台阶编号	台阶高度（m）	硬度系数	完整性	是否有水	密度	距民房距离	是否选择此台阶
1	1	8	较完整	有	3.1	25	☐
2		10	完整	有	2.8	35	☐
3		9	较完整	无	2.7	20	☐
4		6	完整	有	2.8	30	☐
5	3	9	较破碎	有	2.9	60	☐
6		11	较完整	无	3.4	70	☐
7		10	较破碎	有	2.6	50	☐
8		10	较完整	无	3	70	☐
9	5	11	完整	有	2.9	90	☐
10		13	完整	有	2.5	105	☐
11		8	较完整	无	2.7	100	☐
12		10	破碎	有	2.9	105	☐
13	8	11	较完整	无	2.7	125	☐
14		8	完整	无	3.1	130	☐
15		6	较完整	有	2.6	130	☐
16		12	完整	有	3.3	125	☐

是否确定选择引台阶参数？ 确 定 取 消

图 6-4 台阶参数表

图 6-4 彩图

化炸药（包括各种直径）和铵油炸药，点选后会对其爆速等参数做相应的简介。起爆器材包括导爆索、普通电雷管、导爆管雷管、电子数码雷管等，三维仿真的同时可以选择段别及对应的延期时间。辅助工具中三维仿真毛竹片供学生选用。

（3）步骤三：露天台阶爆破参数设计。在台阶爆破参数设置栏里，设计一个爆破参数设计框，框中包含相应的爆破参数，如孔径、孔深、倾角、超深、最小抵抗线或底盘抵抗线、孔距和排距、单孔药量、堵塞长度、总药量、爆炸单耗等，同时在下面留有相对应的上传设计图文的地方，要求实验人员在此上传相应的设计文件。

（4）步骤四：露天台阶爆破工艺设计。在台阶爆破工艺设计栏里，设计一个爆破工艺设计框，框中包含相应的爆破工艺参数，主要包括空气间隔长度、起爆药包位置、炮孔布置方式等参数。后面留有装药结构图、逐孔起爆爆破网络图、逐排起爆爆破网络图、V型起爆爆破网络图等的文件上传接口。支持学生将画好的图在此接口上传至此系统。

（5）步骤五：露天台阶爆破场地平整。三维仿真某一台阶，前期场地有高低起伏不适宜钻眼设备入场。在台阶爆破场地平整栏里填入平台宽度和平整度及备注中填入平整场地的方法后，点击动画演示，在三维仿真的场景中显示有人员用气腿式凿岩机在平台突出部分打眼、放炮，然后用铲车模拟场地整平的动作，如图 6-5 所示。

图 6-5　场地平整

图 6-5 彩图

（6）步骤六：露天台阶爆破炮孔布置。在台阶爆破炮孔布置栏里，设计一个爆破炮孔布置框，框中包含爆破的排数、布孔方式（方形、矩形或梅花形）、钻孔角度等参数等，点击动画演示，在整平好的场地台阶上动态演示炮孔布置的过程，同时配合语音讲解有关炮孔布置的原则。

（7）步骤七：露天台阶爆破钻孔流程。在材料设备栏里，仿真两种钻孔设备。将相应的钻孔设备拖至预设位置，在预设的位置场地台阶上动态演示炮孔钻孔的过程，同时配合语音讲解和文字面板说明的方式，对钻孔流程、应注意事项等进行说明，如图6-6所示。

图 6-6　爆破钻孔

图 6-6 彩图

（8）步骤八：露天台阶爆破炮孔验收。在台阶爆破炮孔验收栏里，设计一个炮孔验收表（见图6-7），表中纵坐标包括炮孔验收内容：孔的深度、孔网参数、最小抵抗线、底盘抵抗线、是否有水等，表中横坐标包括是否需要验收此内容（是/否）、孔号、验收标准等内容。选择需要验收的项目，并在验收标准栏中填写相应的内容。拖动皮尺至提示位置，展示在打好炮孔的场地台阶上动态演示炮孔验收的过程，同时配合语音讲解和文字面板说明的方式，对炮孔验收流程、应注意事项等进行补充说明。所有炮孔验收完后，在三维场景中的炮孔上标示每个钻孔的验收结果。

（9）步骤九：露天台阶爆破装药警戒。在台阶爆破装药警戒栏里，填写装药警戒参数表，表中纵坐标包括装药警戒的时间和距离参数以及警戒方法说明。学生填写相应参数，并在警戒方法说明栏中填写相应的内容。确定后

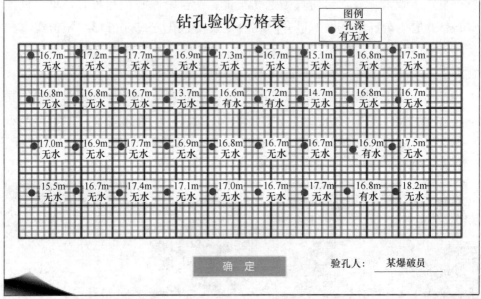

图 6-7　钻孔验收方格表

图 6-7 彩图

在指定位置设置警戒线，在打好炮孔的场地台阶上动态演示警戒设置的过程。

（10）步骤十：露天台阶爆破装药车入场。在台阶爆破装药车入场步骤里，拖动炸药运输车至指定位置，在打好炮孔的场地台阶上动态演示装药车进入现场画面，同时展示装药车入场的停车位置、搬运爆破器材情况，同时配合语音讲解和文字面板说明的方式，说明爆破器材搬运的注意事项及方法等。

（11）步骤十一：露天台阶爆破起爆药包制作展示。在台阶爆破装起爆药包制作步骤里，拖动起爆药包制作所需的三种主要材料至合成栏，点击合成，动态展示起爆药包的制作过程（见图 6-8），同时配合语音讲解和文字面板说明的方式，说明爆药包制作的时间、地点和制作方法，并说明制作起爆药包时的应注意事项。

（12）步骤十二：露天台阶爆破装药展示。在台阶爆破装药栏里，点击动画演示，展示台阶爆破装药的情景（见图 6-9），主要包括主装药为铵油、乳化及铵油乳化混合的操作过程，同时配合语音讲解和文字面板说明的方式，说明装药的注意事项、装药超量的处理方法和装药过程中堵孔采取的措施。

（13）步骤十三：露天台阶爆破堵塞展示。在台阶爆破堵塞栏里，点击动画演示，展示堵塞作业的过程（见图 6-10），同时配合语音讲解和文字面板说明的方式，说明堵塞选用的堵塞材料及堵塞的注意事项。

图 6-8　制作药包

图 6-8 彩图

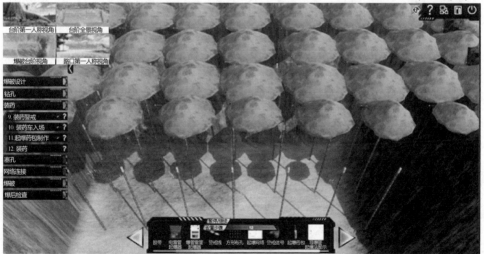

图 6-9　装药

图 6-9 彩图

图 6-10   堵塞

图 6-10 彩图

（14）步骤十四：露天台阶爆破网络连接展示。在台阶爆破网络连接栏里，点击动画演示，展示台阶爆破网络连接操作过程，同时配合语音讲解和文字面板说明的方式，解说网络施工注意事项、连接的方法和要求及可能产生的问题等。起爆网络图如图 6-11 所示。

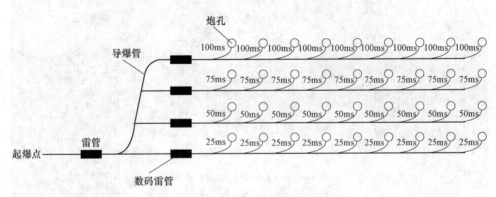

图 6-11   起爆网络图

（15）步骤十五：露天台阶爆破起爆警戒。在台阶爆破起爆警戒栏里（见图 6-12），点击动画演示，展示台阶爆破警戒的全过程，包括预警信号发出—清场—派出岗哨—临时交通管理—坚守岗位—起爆信号—坚守岗位—解除信号—撤除警戒。同时配合语音讲解和文字面板说明的方式，解说要清场的因素及其理由、岗哨的位置及注意事项、三个信号的发出及信号发出后人员的响应情况。

图 6-12　起爆警戒

图 6-12 彩图

（16）步骤十六：露天台阶爆破起爆展示。在台阶爆破起爆栏里，点击动画演示，展示起爆器的操作和起爆后台阶现场的爆破情景模拟，如图 6-13 所示。在演示过程中配合语音讲解和文字面板说明的方式，对起爆器的使用注意事项做出说明。

（17）步骤十七：露天台阶爆破后的检查。在台阶爆破后的检查栏里，填写入不同爆破需要的等待时间，并填写入爆后检查的主要内容，爆破效果好坏的依据，此次爆破效果的好坏，有无盲炮。

（18）步骤十八：露天台阶爆破盲炮处理。在台阶爆破盲炮处理栏里，对 A 情况盲炮处理（爆破网路未破坏，最小抵抗线无变化）、B 情况（雷管爆，而炸药未炸）盲炮处理、C 情况（部分炮孔拒爆）盲炮处理、大块和根底处理的方法进行介绍。配合文字面板和语音对其进行补充讲解。

（19）步骤十九：露天台阶爆破残余爆破器材退库。在台阶爆破残余爆破器材退库处理栏里，在爆破作业完成后，爆破作业人员和安全员、现场负

图 6-13　起爆展示

责人对爆材进行清点，并按退库过程填写爆破材料领、用、退库
表。配合文字面板和语音对退库注意事项进行补充讲解。

图 6-13 彩图

6.3　金属矿地下开采虚拟仿真

　　该虚拟仿真实验系统以拓展学生知识结构、启迪学生科学思维和创新意
识为目标，以赣南钨矿地下开采工艺为背景，设计出含 3 个子实验的综合性
虚拟仿真实验。将虚拟现实技术、互动多媒体技术等先进技术有效地应用于
实验教学项目中，营造高度仿真的实验环境，体现基础与前沿的有机结合，
以培养学生分析、解决问题能力以及科技创新能力。

6.3.1　虚拟仿真教学设计

6.3.1.1　虚拟场景
　　涉及的虚拟场景有地表、矿体、井巷、回采工作面等，如图 6-14 和图 6-15 所示。

6.3.1.2　虚拟设备
　　涉及的虚拟设备有盲炮检测与识别系统、取芯机、切割机、磨石机、刚
性试验机、三轴蠕变仪等，如图 6-16 ~ 图 6-18 所示。

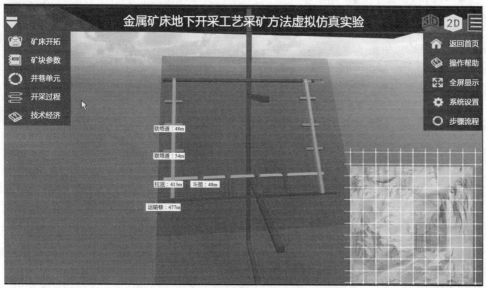

图 6-14　虚拟井巷场景

图 6-14 彩图

图 6-15　虚拟回采工作面场景

图 6-15 彩图

图 6-16 彩图

图 6-16　虚拟取芯机、切割机、磨石机

图 6-17 彩图

图 6-17　虚拟刚性试验机

6.3.2　虚拟仿真实验材料

　　本系统基于三维建模的虚拟实验环境及虚拟实验对象，以真实地下矿床环境为依托，矿床开拓、采准工程、切割工程等表征与真实场景完全一致。

　　学生可以自主设计实验流程，选择相应参数，实施地下采矿工程流程，满足实验教学需求，实验中所涉及的实验材料和参数如下。

6.3.2.1　虚拟仿真实验材料

　　涉及的虚拟仿真实验材料（见图 6-19）有导爆管毫秒延期雷管 1~20 段各若干发，四通接头若干个，胶布、封口钳、乳化炸药、盲炮检测信号发生器

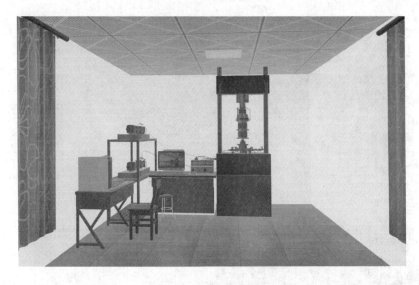

图 6-18 彩图

图 6-18 虚拟三轴蠕变仪

图 6-19 彩图

图 6-19 虚拟仿真实验材料外观

若干个，不规则岩块、游标卡尺、量角器、记录纸、标准圆柱体试件若干个，轴向、径向应变传感器、透水石、液压油、橡胶套、黏合剂、皮尺、钢卷尺、橡胶管、三通、短节、提升容器、罐道、罐道梁、钢丝绳罐道等。

虚拟乳化炸药、导爆管毫秒延期雷管如图 6-20 所示。

6.3.2.2 预设参数

涉及的虚拟参数有矿体埋藏要素、矿岩稳固性、开拓井巷单元、矿块结构参数、井巷断面组成参数等，部分虚拟预设参数截图如图 6-21 所示。

图 6-20 彩图

图 6-20 虚拟乳化炸药、导爆管毫秒延期雷管

(a)

(b)

图 6-21 部分虚拟预设参数

（a）矿体参数设计；（b）井巷基本单元参数

图 6-21 彩图

（1）矿体埋藏要素：埋藏深度、延伸深度、倾角、走向长度、厚度。

（2）矿岩稳固性：矿体、下盘围岩、上盘围岩；1—极不稳固，2—不稳固，3—中等稳固，4—稳固，5—极稳固。

（3）矿岩坚固性系数 f：矿体、下盘围岩、上盘围岩。

（4）开拓井巷单元：竖井、斜井、平硐、斜坡道、风井、竖井车场、斜井车场、石门、回风巷道。

（5）井巷断面参数：竖井、天井——直径、长度、单价；斜井、平巷——宽度、高度、斜井倾角、长度、单价。

（6）矿块结构参数：长度、宽度、高度、顶柱厚、底柱高、间柱宽、分段高。

（7）采准、切割井巷单元：阶段平巷、回风平巷、天井、联络道、斗颈、斗穿、扩漏、拉底巷道、溜井、电耙道、分段凿岩巷道、拉底空间、切割槽。

（8）试件尺寸：直径、高度（mm）。

（9）控制方式：力、位移。

（10）力速率：0.1、0.2、0.5、1、2（kN/s）。

（11）位移速率：0.01、0.02、0.05、0.1（mm/s）。

（12）力终点：100、120、140、160（kN）。

（13）力速率：0.1、0.2、0.5、1、2（kN/s）。

（14）围压：0、5、10、15、20（MPa）。

（15）井巷断面组成参数：竖井——井筒设施尺寸、主要安全间隙、断面布置方式、支护厚度；平巷——净宽度、直墙高度、拱高、支护厚度。

6.3.3 矿床开拓方法与步骤

矿床开拓方法与步骤如下。

（1）步骤一：进入实验后选择学习模式，进入界面，学习实验目的，如图 6-22 所示。

（2）步骤二：进入学习模式后，按照实验流程，选择赣南钨矿矿山案例，分析钨矿矿体埋藏要素，如图 6-23 所示。

（3）步骤三：阅读钨矿矿山案例后，点击左侧的"矿体参数"按钮，构建钨矿矿体三维立体模型，如图 6-24 所示。

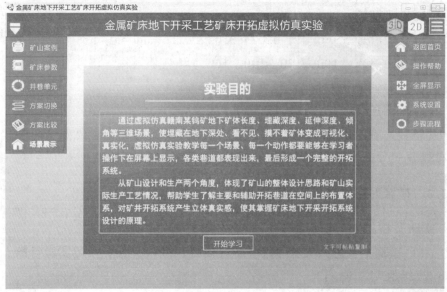

图 6-22   选择学习模式并学习实验目的

图 6-22 彩图

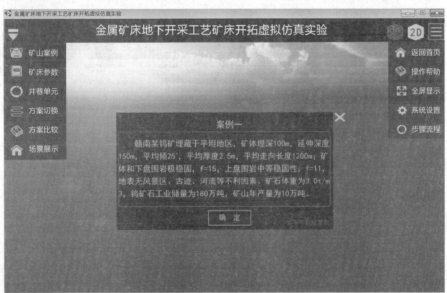

图 6-23　矿山案例

图 6-23 彩图

图 6-24 构建矿体三维模型

图 6-24 彩图

（4）步骤四：为构建的三维钨矿矿体选择主要和辅助开拓巷道及其报价（系统默认方案一），确定其位置，抓取开拓系统示意图，如图 6-25 所示。

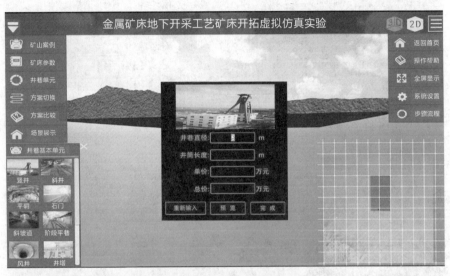

图 6-25　开拓巷道选择

（5）步骤五：点击切换方案，为钨矿设计其他适合的方案，如图 6-26 所示，然后重复步骤一～步骤五，直至选择到最合适该矿体的方案。

图 6-25 彩图

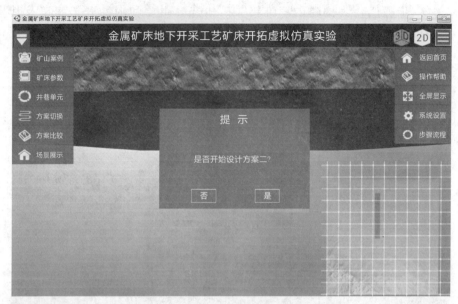

图 6-26　方案切换示意图

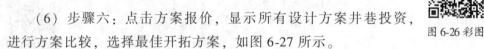

图 6-26 彩图

（6）步骤六：点击方案报价，显示所有设计方案井巷投资，进行方案比较，选择最佳开拓方案，如图 6-27 所示。

（7）步骤七：点击场景展示，选择最佳开拓方案进行漫游，如图 6-28 所示。

（8）步骤八：进入考核模式，学生进行实际操作；考核模式结束后，依据操作和实验报告进行评分。

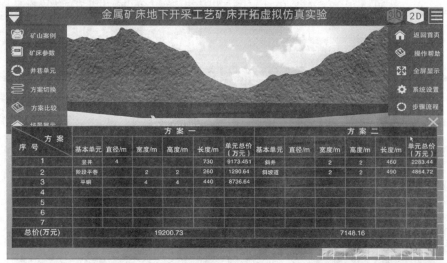

图 6-27 方案比较

图 6-27 彩图

图 6-28 最佳方案漫游

图 6-28 彩图

6.3.4 采矿方法虚拟仿真步骤

采矿方法虚拟仿真步骤如下。

（1）步骤一：进入实验后选择学习模式，进入界面，学习实验目的，如图 6-29 所示。

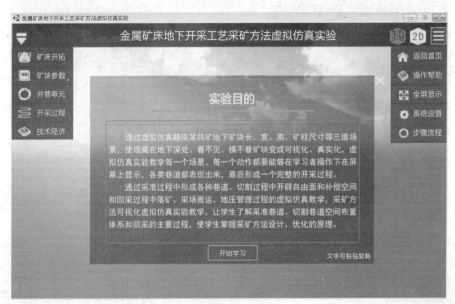

图 6-29　选择学习模式并学习实验目的

图 6-29 彩图

（2）步骤二：进入学习模式后，按照实验流程，选择钨矿矿床开拓，分析钨矿矿体埋藏要素，如图 6-30 所示。

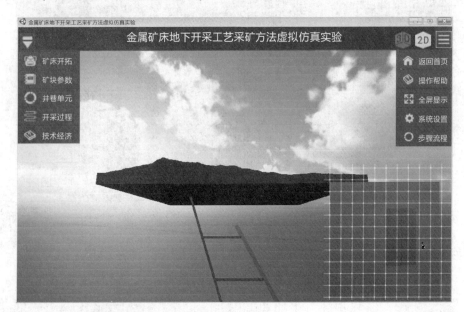

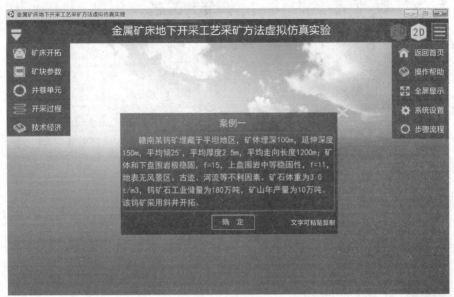

图 6-30 矿山案例

图 6-30 彩图

（3）步骤三：阅读钨矿矿山案例后，点击左侧的"矿块参数"按钮，构建钨矿三维立体模型，如图 6-31 所示。

图 6-31　构建矿块三维模型

图 6-31 彩图

（4）步骤四：点击井巷单元，为构建的钨矿三维矿块选择采准、切割巷道及其报价，确定其位置，抓取采矿方法示意图，如图 6-32 所示。

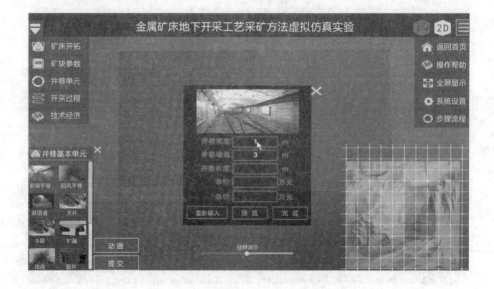

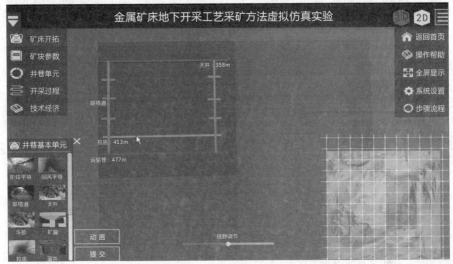

图 6-32 采准、切割工程巷道选择

图 6-32 彩图

（5）步骤五：点击开采过程，设计钨矿回采主要过程方案，如图 6-33 所示。

图 6-33 设计回采主要过程方案

图 6-33 彩图

（6）步骤六：点击技术经济，显示所有采切工程投资以及采切系数，如图 6-34 所示。

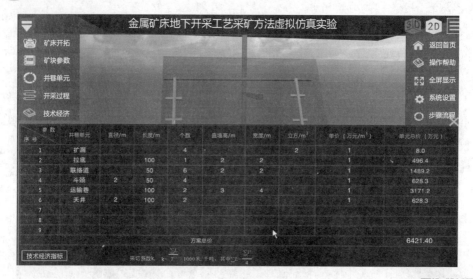

序号	井巷单元	直径/m	长度/m	个数	直墙高/m	宽度/m	立方/m³	单价（万元/m³）	单元总价（万元）
1	扩漏			4			2	1	8.0
2	拉底		100	1	2	2		1	496.4
3	联络道		50	6	2	2		1	1489.2
4	斗颈	2	50	4				1	628.3
5	运输巷		100	2	2	2		1	3171.2
6	天井	2	100	2				1	628.3
7									
8									
9									
	方案总价								6421.40

技术经济指标

图 6-34　技术经济指标

图 6-34 彩图

（7）步骤七：进入考核模式，学生进行实际操作；考核模式结束后，依据操作和实验报告进行评分。

6.3.5　井巷工程断面设计方法与步骤

6.3.5.1　平巷断面设计虚拟仿真实验

（1）步骤一：进入实验后选择学习模式，进入界面，学习实验目的，如图 6-35 所示。

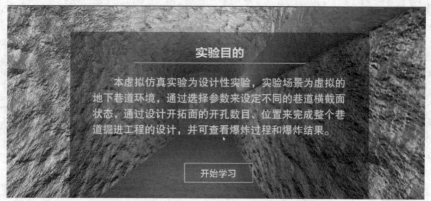

图 6-35　选择学习模式并学习实验目的

图 6-35 彩图

（2）步骤二：进入学习模式后，按照实验流程结合钨矿山实际情况，选择直墙拱形断面形状，如图 6-36 所示。

图 6-36　平巷断面形状选择

（3）步骤三：设置岩石参数和巷道断面参数，包括岩石普氏系数、巷道净宽度、净高度，根据断面参数计算平巷断面面积，并利用炮孔计算经验公式计算断面掘进炮孔布置数目，如图 6-37 所示。

图 6-36 彩图

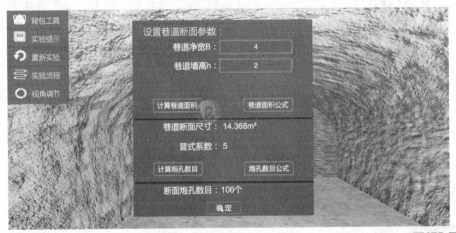

图 6-37　平巷断面参数设定

（4）步骤四：进入考核模式，学生进行实际操作；考核模式结束后，依据操作和试验报告进行评分。

图 6-37 彩图

6.3.5.2 竖井断面布置虚拟仿真实验

（1）步骤一：进入实验后，选择学习模式，了解实验目的，熟悉实验所需器材，如图 6-38 所示。

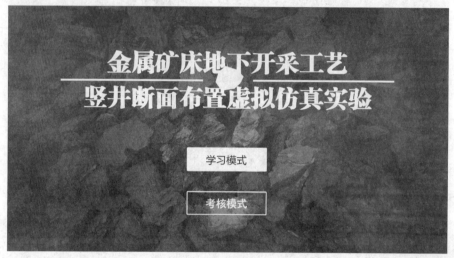

图 6-38 学习模式选择

图 6-38 彩图

（2）步骤二：选择提升容器，确定装备类型，选择合理提升容器，如图 6-39 所示，并确定井筒装备类型。

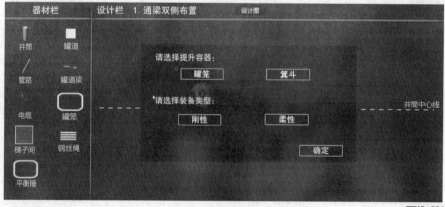

图 6-39 确定提升容器和装备类型

图 6-39 彩图

（3）步骤三：确定井筒断面布置方式，在通梁双侧罐道、通梁单侧罐道、山形梁和端部罐道布置四种方式中进行选择，如图 6-40 所示。

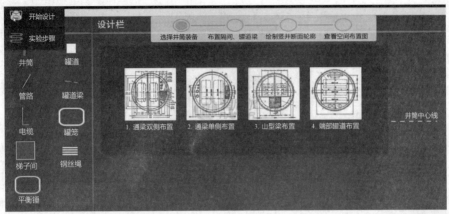

图 6-40　确定井筒断面布置方式

图 6-40 彩图

（4）步骤四：利用实验器材，绘制提升间和梯子间，识别井筒断面特征点，绘制井筒断面，并根据所绘制的断面得到断面直径，如图 6-41 所示。

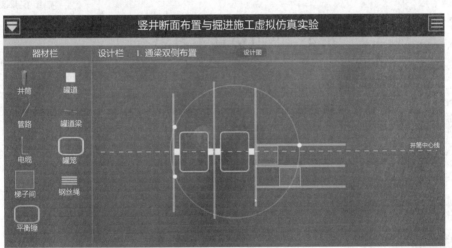

图 6-41　绘制井筒断面

图 6-41 彩图

（5）步骤五：生成竖井井筒，从井筒中观察罐道和罐道梁的衔接，罐道梁层格布置，如图 6-42 所示。

（6）步骤六：进入考核模式，检查学生实际操作；考核模式结束后，依据操作和试验报告进行评分。

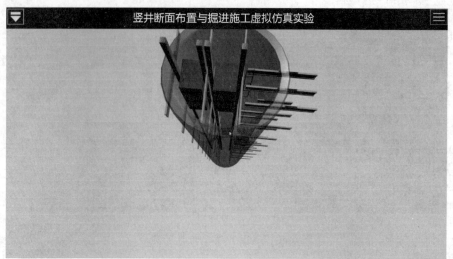

图 6-42　生成竖井井筒

图 6-42 彩图

6.4　虚拟仿真实习思考题

虚拟仿真实习思考题如下：

（1）台阶普氏硬度系数的大小与完整性的不同，对于爆破效果有没有影响？

（2）台阶高度与孔网参数存在着什么联系？

（3）虚拟仿真中，起爆网络图中为什么使用数码雷管？

（4）矿床开拓时，如何兼顾高效率和低成本？

（5）不同采矿方法对于矿床的开拓也不同，那在矿床开拓上有什么相似之处？

（6）如何合理布置采准、切割巷道？

（7）在中深孔爆破时，怎么确定孔网参数？

（8）如何判断爆破效果的好坏？

（9）简述不同断面形状各有什么优势。

（10）简单绘制出四种不同的井筒断面布置图。

7 实习安全保障措施

7.1 企业安全文化

安全文化是人类文化的组成部分。安全文化在工业领域的应用就是企业安全文化，与行政或管理工作相结合就成了安全管理文化。把安全文化的内容引入企业领域继承和创造，保障人的身心安全（含健康）并使其能舒适、高效活动的物质和精神形态的东西，就构成了企业安全文化。企业安全文化的核心问题是保护人。

矿山企业应遵循"生命第一"的安全理念，以"十大安全准则"作为安全管理指引，把实现"零工亡、零职业病"作为工作目标，致力于为员工、承包商提供安全健康的工作场所，预防与工作有关的伤害和健康损害，切实管控与生产经营相关的职业健康安全风险，并持续提升职业健康安全绩效，为员工、承包商和项目运营所在的社区带来健康和福祉。

7.1.1 健康安全管理政策

矿山企业董事会负责安全和健康重要事项的决策，安全生产委员会负责管理跨部门的安全与健康事项，建立、管理与评估公司安全与健康的目标与指导方针，各子公司安全与健康部门遵循安委会要求，开展安全与健康相关工作。矿山企业的《健康与安全管理政策声明》应阐述其负责任的健康与安全管理承诺及方法。

基于风险预控、动态管理、全员参与的原则，以紫金矿业集团股份有限公司为例，其建立了以《职业健康安全与环境管理手册》为纲领的安全管理体系。

7.1.2 员工职业健康

为有效预防、控制和消除作业环境中的职业病危害因素，矿山企业应坚持"预防为主、防治结合"的职业病防治方针，制订职业健康管理计划，实行分类管理、综合治理。定期组织员工职业健康体检，建立职业健康监护"一人一档"，实施接触职业病危害人员轮岗、换岗机制，降低职业危害风险。积极推广自动化、远程操控技术，推进粉尘、噪声、有害气体等职业病危害因素在线监测预警，有效保障员工职业健康安全。

7.1.3　安全风险管控

矿山企业致力于有效管理和预防业务中可能产生的安全风险，制定了《安全风险分级管控与事故隐患排查治理管理办法》，据此建立公司安全风险分级管控与事故隐患排查治理双重预防工作机制（见图7-1），将风险控制在源头。

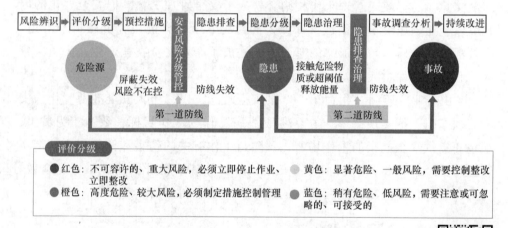

图7-1　紫金矿业集团安全风险管控及评价分级示意图

图7-1 彩图

比如，紫金矿业聚焦薄弱环节与关键问题，推行"一季一主题、一月一行动"，突出防范化解重大安全风险，实现"月月有提升、季季有成效"。在作业现场推行"未风险辨识不作业""一书一证二清单"风险管控，重点关注变更管理，规范危险作业、临时、零星作业等非常规作业的风险辨识和管控，确保所有作业全过程受控。

7.1.4　应急管理体系

为预防突发事件发生，提高应对涉及公共危机的突发事故的能力，防止事件扩大或升级，最大限度减少人员伤亡和财产损失、降低环境损害和社会影响，矿山企业应建立具有各矿山企业特色的应急管理体系，制定了突发事件总体应急预案，可及时有效应对安全事故、环境事故、自然灾害、公共卫生等多种突发事件，如图 7-2 所示。

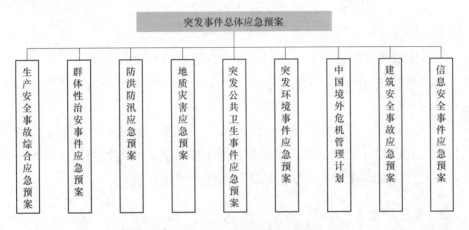

图 7-2　紫金矿业集团突发事件应急预案

7.2 进矿须知

7.2.1 行驶安全

行驶安全具体要求如下。

（1）上车后须系好安全带，严禁将头和四肢伸出车窗外。若需驾驶私家车入矿的，须提前联系人力资源处，由人力资源处征得总调度室同意后，方可入矿。入矿后，须严格遵守矿区交通安全规定，如果违规将拉黑处理，具体规定如下：

1）车速规定。急弯、陡坡路段、办公生活区限速 30km/h，其他主干道限速 40km/h；非主干道道路时速由各生产厂自行确定，但不得高于矿区主干道规定时速。要求车辆在矿区道路行驶时，应严格按矿区道路限速要求行驶，遇行人过斑马线时应停车，礼让行人。

2）车辆停放：

①在停车位停放时，应按位顺向停车（车头朝外）。

②非特殊情况不得在未设置停车位的矿区主干道停放，人员不得随停随上（下）。

③矿区主干道设置临时停靠点供车辆临时停放，员工私家车仅限停放于本单位停车位，不得跨区域停放。

④矿部入口处限接待用车进入，大门前设置公务用车临时停车位，大门前北侧为公务车停车位。

⑤各区域遇车位已满时，临时停车应放置临时停车标示牌。

3）严禁在开车过车中接打电话、抽烟；严禁单车道逆行；严禁在禁止通行路段行车。

（2）在矿区内行走时，需"人车分流"，在指定的人行道上行走，两人成行、三人成列，要求人员必须在矿区主干道两侧人行道内行走，需横穿矿区道路时，应在确认安全后走人行斑马线，并快速通过。

7.2.2　矿区"禁令"

矿区"禁令"如下。

（1）严禁酒后进入矿区。严禁携带酒水进入矿区；矿区内严禁饮酒、藏酒；严禁饮酒后进入矿区。

（2）严禁矿区内打伞。矿区属于雷区，打伞可能遭受雷击伤害，极可能导致人员受伤甚至死亡。严禁携带雨伞进入矿区；在矿区范围内，严禁所有人员个人使用雨伞及其他引雷、导电雨具。

（3）严禁在矿部办公区域室内和招待所内抽烟。矿部办公区域、招待所禁烟，若有需要须到室外指定区域抽烟。

7.2.3　安全"红线"

不触犯安全"红线"。安全"红线"如下。

（1）生活区域。

1）宿舍内私接乱接电线。

2）在矿区内参与打架、斗殴、偷盗、吸毒。

（2）作业区域。

1）毁坏、私自拆除安全设备、设施和器材。

2）在"严禁烟火"生产场所吸烟、私自动火。

3）在没有许可的情况下使用车辆或操作设备。

4）乘坐运输及工程车辆货斗。

5）未经允许私自进入限制区域。

6）爆破时人员未撤离至安全距离以外。

7）矿区内车辆超速超过规定时速 10% 的。

（3）其他区域。

1）不服从安全管理或威胁安全管理人员。

2）个人在矿区饮酒或私自储存酒。

3）矿区内酒后驾驶车辆（人体血液中的酒精含量大于或者等于 20mg/100mL）。

4）在矿区发生交通事故后逃逸。

5）套牌或故意遮挡车牌。

6）无证驾驶车辆、操作工程机械（无证包括上岗证、汽车/摩托车驾驶证、特种作业证或证件与车型不符）。

7）驾车或操作设备时抽烟、接打电话或发信息。

8）行车过程中司机、乘车人未系安全带。

9）违反安全标识指示。

10）未在指定吸烟区吸烟。

11）违反矿区禁止打雨伞的的禁令。

12）在矿区道路行走时佩戴耳塞、嬉戏打闹。

7.2.4 其他方面

其他方面内容如下。

（1）认真接受安全教育培训，并签字确认。

（2）进入矿区后，须按规定正确佩戴和使用劳动防护用品，包括安全帽、工作服、劳保鞋、口罩、雨衣及其他等。

（3）疫情期间，必须严格遵守矿区疫情防控规定，佩戴口罩，实行分餐制，每天测量体温。

7.3 厂矿三级安全教育

根据 2021 年 6 月 10 日第十三届全国人民代表大会常务委员会第二十九次会议修订的《中华人民共和国安全生产法》，生产经营单位应当对从业人员进行安全生产教育和培训，保证从业人员具备必要的安全生产知识，熟悉有关的安全生产规章制度和安全操作规程，掌握本岗位的安全操作技能，了解事故应急处理措施，知悉自身在安全生产方面的权利和义务。未经安全生产教育和培训合格的从业人员，不得上岗作业。

三级安全教育是指新入厂职员和工人的厂级安全教育（公司级）、车间级安全教育（部门级）和岗位（班组级）安全教育，厂矿企业安全生产教育制度的基本形式，能够有效提高员工的安全技能水平与安全意识。三级安全教育制度是企业安全教育的基本教育制度。企业必须对新工人进行安全生产的入厂教育、车间教育、班组教育；对调换新工种、复工、采取新技术、新工艺、新设备、新材料的工人，必须进行新岗位、新操作方法的安全卫生教育，受教育者，经考试合格后，方可上岗操作。

7.3.1　矿级安全教育

矿级安全教育如下。

（1）讲解劳动保护的意义、任务、内容和其重要性，使新入厂的职工树立起"安全第一"和"安全生产，人人有责"的思想。

（2）介绍企业的安全概况，包括企业安全工作发展史，企业生产特点，工厂设备分布情况（重点介绍接近要害部位、特殊设备的注意事项），工厂安全生产的组织。

（3）介绍国务院颁发的《全国职工守则》和《中华人民共和国劳动法》《中华人民共和国劳动合同法》以及企业内设置的各种警告标志和信号装置等。

（4）介绍企业典型事故案例和教训，抢险、救灾、救人常识以及工伤事故报告程序等。

矿级安全教育一般由企业安技部门负责进行，时间为4～16学时。讲解应和看图片、参观劳动保护教育结合起来，并应发一本浅显易懂的规定手册。

7.3.2　厂级安全教育

厂级安全教育如下。

（1）介绍采矿厂、车间的概况。如生产工艺流程及其特点，人员结构、安全生产组织状况及活动情况，危险区域、有毒有害工种情况，劳动保护方面的规章制度和对劳动保护用品的穿戴要求和注意事项，事故多发部位、原因，有什么特殊规定和安全要求，介绍常见事故和对典型事故案例的剖析，介绍安全生产中的好人好事，文明生产方面的具体做法和要求。

（2）根据采矿厂、车间的特点介绍安全技术基础知识。如地下开采提升车间的特点是大型装备多、电气设备多、起重设备多、运输车辆多、各种油类多、生产人员多和生产场地比较拥挤等。教育工人与实习人员遵守劳动纪律，穿戴好防护用品，小心衣服，发辫被卷进机器，手被旋转的刀具擦伤。要告诉实习人员在装夹、检查、拆卸、搬运工件特别是大件时，要防止碰伤、压伤、割伤。

（3）介绍防火知识，包括防火的方针，车间易燃易爆品的情况，防火的要害部位及防火的特殊需要，消防用品放置地点，灭火器的性能、使用方法，车间消防组织情况，遇到火险如何处理等。

（4）组织实习人员学习安全生产文件和安全操作规程制度，并应教育实习人员尊敬师傅，听从指挥，安全生产。车间安全教育由车间主任或安技人员负责，授课时间一般需要 4~8 学时。

7.3.3　班组安全教育

班组安全教育如下。

（1）本班组的生产特点、作业环境、危险区域、设备状况、消防设施等。重点介绍高温、高压、易燃易爆、有毒有害、腐蚀、高空作业等方面可能导致发生事故的危险因素，交代本班组容易出事故的部位和典型事故案例的剖析。

（2）讲解本工种的安全操作规程和岗位责任，重点讲思想上应时刻重视安全生产，自觉遵守安全操作规程，不违章作业；爱护和正确使用机器设备和工具；介绍各种安全活动以及作业环境的安全检查和交接班制度。告诉实习人员出了事故或发现了事故隐患，应及时报告领导，采取措施。

（3）讲解如何正确使用爱护劳动保护用品和文明生产的要求。女生进入车间戴好工帽，进入施工现场和登高作业，必须戴好安全帽、系好安全带，工作场地要整洁，道路要畅通，物件堆放要整齐等。

（4）实行安全操作示范。组织重视安全、技术熟练、富有经验的老工人进行安全操作示范，边示范，边讲解，重点讲安全操作要领，说明怎样操作是危险的、怎样操作是安全的，不遵守操作规程将会造成的严重后果。

7.4 生产实习安全管理方案

生产实习安全管理方案如下。

（1）接受实习队及指导老师的领导，服从实习队的统一安排。严格遵守作息时间，当天实习结束后必须统一返回学校，不得擅自单独行动、在外久留，甚至住宿，实习队不定时查寝。

（2）应注重文明礼貌，乘公车要主动让座，更不得抢占座位，有损实习队和学校声誉以及自身大学生形象的话不说、事不做，不许打架斗殴；遇事冷静克制。

（3）遵守交通规则，注意自身及周围同伴的安全，能够相互提醒。

（4）实习期间，若有身体不适或其他异常情况，同学本人或其他同学应第一时间和指导老师取得联系。

（5）特别要注意安全，进入在建实习工地时必须戴好安全帽，上下左右前后兼顾，注意"四口""五临边"。

（6）遵守实习点所在单位的一切规章制度。在在建工地实习时，要服从现场指挥，注重保护建筑材料、成品、半成品。参观已建工程，要注意爱护公物，避免扰人。

（7）实习期间，必须注意自己的穿戴，任何人不得在实习期间任何场所（如工地、教室等）穿拖鞋，女生不得穿高跟鞋、裙子等前往在建工地，男生不得赤膊；若有违反，立即改正，否则，指导教师可立即中止其当日实习，记为缺席。师生有相互提醒和监督的义务。

（8）无论参观、座谈、听课，应积极投入，主动参与，避免溜号；参观时，每小组及时收集第一手资料。鼓励多问、多看、多思、多量、多记。

（9）若有严重违规行为，实习队可视情节轻重，立即终止其实习资格，在做好情况调查记录的基础上，报请家长亲自来领人回家，并按照学校规定建议给予相应的处分。

7.5 金属矿山安全生产事故隐患

我国国家矿山安全监察局 2022 年第 14 次局务会议审议通过《金属非金

属矿山重大事故隐患判定标准》，并于 2022 年 9 月 1 日施行[8]。正确理解金属矿山地下矿山、露天矿山及尾矿库的生产安全重大事故隐患，有助于从宏观上理解矿山规划、设计的全局性，有利于在实习过程中发现、分析实习矿山存在的事故隐患，从而提高自身对矿山安全的理性认识。

7.5.1 金属非金属地下矿山重大事故隐患

金属非金属地下矿山重大事故隐患如下。

（1）安全出口存在下列情形之一的：

1）矿井直达地面的独立安全出口少于 2 个，或者与设计不一致；

2）矿井只有 2 个独立直达地面的安全出口且安全出口的间距小于 30m，或者矿体一翼走向长度超过 1000m 且未在此翼设置安全出口；

3）矿井的全部安全出口均为竖井且竖井内均未设置梯子间，或者作为主要安全出口的罐笼提升井只有 1 套提升系统且未设梯子间；

4）主要生产中段（水平）、单个采区、盘区或者矿块的安全出口少于 2 个，或者未与通往地面的安全出口相通；

5）安全出口出现堵塞或者其梯子、踏步等设施不能正常使用，导致安全出口不畅通。

（2）使用国家明令禁止使用的设备、材料和工艺。地下矿山存在使用国家安全监管总局明令禁止使用的设备、材料和工艺，即为重大生产安全事故隐患。

（3）不同矿权主体的相邻矿山井巷相互贯通，或者同一矿权主体相邻独立生产系统的井巷擅自贯通。

相邻矿山的井巷相互贯通的后果主要有：

1）增加各矿山入井人员管理的难度；

2）会造成各矿山通风系统紊乱；

3）导致炮烟无序扩散引发中毒窒息事故；

4）在一个矿山发生灾害时，也容易造成事故的扩大，如火灾时导致火灾烟气蔓延至其他矿山，水灾时可能造成水淹没其他矿山。

（4）地下矿山现状图纸存在下列情形之一的：

1）未保存《金属非金属矿山安全规程》（GB 16423—2020）[9]第 4.1.10条规定的图纸，或者生产矿山每 3 个月、基建矿山每 1 个月未更新上述图纸；

2）岩体移动范围内的地面建构筑物、运输道路及沟谷河流与实际不符；

3）开拓工程和采准工程的井巷或者井下采区与实际不符；

4）相邻矿山采区位置关系与实际不符；

5）采空区和废弃井巷的位置、处理方式、现状，以及地表塌陷区的位置与实际不符。

（5）露天转地下开采存在下列情形之一的：

1）未按设计采取防排水措施；

2）露天与地下联合开采时，回采顺序与设计不符；

3）未按设计采取留设安全顶柱或者岩石垫层等防护措施。

（6）矿区及其附近的地表水或者大气降水危及井下安全时，未按设计采取防治水措施。

矿山应根据矿区水文地质等实际情况，组织技术论证，并由有资质设计单位进行设计，采取诸如河流改道或留防水隔离矿柱、排干、设置截（排）洪沟、帷幕注浆等措施。

（7）井下主要排水系统存在下列情形之一的：

1）排水泵数量少于 3 台，或者工作水泵、备用水泵的额定排水能力低于设计要求；

2）井巷中未按设计设置工作和备用排水管路，或者排水管路与水泵未有效连接；

3）井下最低中段的主水泵房通往中段巷道的出口未装设防水门，或者另外一个出口未高于水泵房地面 7m 以上；

4）利用采空区或者其他废弃巷道作为水仓。

（8）井口标高未达到当地历史最高洪水位 1m 以上，且未按设计采取相应防护措施。

《金属非金属矿山安全规程》（GB 16423—2020）第 6.8.2.3 条规定：矿井（竖井、斜井、平硐等）井口的标高应高于当地历史最高洪水位 1m 以上。工业场地的地面标高应高于当地历史最高洪水位。

（9）水文地质类型为中等或者复杂的矿井，存在下列情形之一的：

1）未配备防治水专业技术人员；

2）未设置防治水机构，或者未建立探放水队伍；

3）未配齐专用探放水设备，或者未按设计进行探放水作业。

（10）水文地质类型复杂的矿山存在下列情形之一的：

1）关键巷道防水门设置与设计不符；

2）主要排水系统的水仓与水泵房之间的隔墙或者配水阀未按设计设置。

（11）在突水威胁区域或者可疑区域进行采掘作业，存在下列情形之一的：

1）未编制防治水技术方案，或者未在施工前制定专门的施工安全技术措施；

2）未超前探放水，或者超前钻孔的数量、深度低于设计要求，或者超前钻孔方位不符合设计要求。

《金属非金属矿山安全规程》（GB 16423—2020）第6.8.3.5条规定：对接近水体的地带或可能与水体有联系的地段，应坚持"有疑必探，先探后掘"的原则，编制探水设计。

突水威胁区域或可疑区域主要包括积水的旧井巷、老采区、流砂层、各类地表水体、沼泽、强含水层、强岩溶带等不安全地带。

（12）受地表水倒灌威胁的矿井在强降雨天气或者其来水上游发生洪水期间，未实施停产撤人。

在强降雨天气或洪水期间，地表水水位大幅上涨，受地表水倒灌威胁的矿井容易发生淹井事故，因此，必须实施停产撤人，以防止发生淹井事故后造成重大人员伤亡。

受地表水倒灌威胁的矿井是指靠近地表河流、山洪部位、水库的矿井，或由于地面沉降、开裂、塌陷易导致地表水进入井巷、采空区的矿井。

强降雨或叫强降水，指降水强度很大的雨，以下情况为强降雨：

1）1h内的雨量为16mm或以上的雨；

2）24h内的雨量为50mm或以上的雨。

（13）有自然发火危险的矿山，存在下列情形之一的：

1）未安装井下环境监测系统，实现自动监测与报警；

2）未按设计或者国家标准、行业标准采取防灭火措施；

3）发现自然发火预兆，未采取有效处理措施。

金属非金属矿山的自然发火，由于燃烧物一般是硫化物，所以会产生大量的二氧化硫和硫化氢，易造成人员的伤亡。

《金属非金属矿山安全规程》（GB 16423—2020）第6.9.2.2条规定：

开采有自然发火危险的矿床，应采取以下防火措施。

①主要运输巷道、总进风道、总回风道，均应布置在无自然发火危险的围岩中，并采取预防性注浆或者其他有效措施；

②选择合适的采矿方法，合理划分矿块，并采用后退式回采顺序，根据采取防火措施后的矿床最短发火期确定采区开采期限，充填法采矿时，应采用惰性充填材料及时充填采空区，根据采取防火措施后矿床最短的发火期，确定采区开采期限；

③应有灭火的应急预案；

④采用黄泥或其他物料注浆灭火时应按应急预案规定的钻孔网度，料浆浓度和注浆系数进行；

⑤应防止上部中段的水泄漏到采矿场，并防止水管在采场漏水；

⑥严密封闭采空区；

⑦应清理采场矿石，工作面不应留存坑木等易燃物。

（14）相邻矿山开采岩体移动范围存在交叉重叠等相互影响时，未按设计留设保安矿（岩）柱或者采取其他措施。

（15）地表设施设置存在下列情形之一，未按设计采取有效安全措施的：

1）岩体移动范围内存在居民村庄或者重要设备设施；

2）主要开拓工程出入口易受地表滑坡、滚石、泥石流等地质灾害影响。

（16）保安矿（岩）柱或者采场矿柱存在下列情形之一的：

1）未按设计留设矿（岩）柱；

2）未按设计回采矿柱；

3）擅自开采、损毁矿（岩）柱。

保安矿柱包括：为保护工业场地和井筒、巷道、硐室安全与稳定，以及防止某些灾害发生的矿柱；为保护矿房安全回采的顶柱、底柱和间柱；自然发火矿床用于隔离火区的防火矿柱；为防止水、流沙突然涌入的防水隔离矿柱；以及相邻两矿山之间留设的隔离矿柱。

（17）未按设计要求的处理方式或者时间对采空区进行处理。采空区不及时进行处理，可能会导致顶板大面积冒落，产生巨大的空气冲击波，严重时还易造成地表塌陷，导致严重的人员伤亡和重大财产损失。

采空区的处理方法通常有充填、崩落和隔离。

（18）工程地质类型复杂、有严重地压活动的矿山存在下列情形之一的：

1）未设置专门机构、配备专门人员负责地压防治工作；

2）未制定防治地压灾害的专门技术措施；

3）发现大面积地压活动预兆，未立即停止作业、撤出人员。

地压对井巷和建筑设施的破坏、对矿床的开采影响是很大的，如果对其控制和管理不好，极易引发重大人身伤亡事故。

具有严重地压条件，是指有下列情形之一的：

1）永久巷道存在严重变形；

2）发生过严重地压现象；

3）存在大面积冒顶危险预兆。

（19）巷道或者采场顶板未按设计采取支护措施。

巷道或者采场顶板未按设计采取支护措施，易导致巷道或采场顶板因支护形式不当，或强度不够，而引发冒顶片帮事故，造成人员伤亡。

《金属非金属矿山安全规程》（GB 16423—2020）第 6.2.7.2 条和第 6.2.7.3 条对井巷支护有如下规定：

1）在不稳固的岩层中掘进时应进行支护，在松软、破碎或流砂地层中掘进时应在永久性支护至掘进工作面之间进行设临时支护或特殊支护；

2）井巷施工设计中应规定井巷支护方法和支护与工作面间的距离，中途停止掘进时应及时支护至工作面。

（20）矿井未采用机械通风，或者采用机械通风的矿井存在下列情形之一的：

1）在正常生产情况下，主通风机未连续运转；

2）主通风机发生故障或者停机检查时，未立即向调度室和企业主要负责人报告，或者未采取必要安全措施；

3）主通风机未按规定配备备用电动机，或者未配备能迅速调换电动机的设备及工具；

4）作业工作面风速、风量、风质不符合国家标准或者行业标准要求；

5）未设置通风系统在线监测系统的矿井，未按国家标准规定每年对通风系统进行 1 次检测；

6）主通风设施不能在 10min 之内实现矿井反风，或者反风试验周期超过 1 年。

《金属非金属矿山安全规程》（GB 16423—2020）、《金属非金属地下矿山通风技术规范通风系统》（AQ 2013.1—2008）、《金属非金属地下矿山通风技术规范 通风系统鉴定指标》（AQ 2013.5—2008）对矿井中作业地点的风速、风量、风质做出了明确的要求。

风速、风量、风质不符合国家或行业标准要求是指有下列情形之一的：

①风量（风速）合格率低于60%；

②风质合格率低于90%；

③作业环境空气质量合格率低于65%；

④有效风量率低于60%。

（21）未配齐或者随身携带具有矿用产品安全标志的便携式气体检测报警仪和自救器，或者从业人员不能正确使用自救器。

（22）担负提升人员的提升系统，存在下列情形之一的：

1）提升机、防坠器、钢丝绳、连接装置、提升容器未按国家规定进行定期检测检验，或者提升设备的安全保护装置失效；

2）竖井井口和井下各中段马头门设置的安全门或者摇台与提升机未实现联锁；

3）竖井提升系统过卷段未按国家规定设置过卷缓冲装置、楔形罐道、过卷挡梁或者不能正常使用，或者提升人员的罐笼提升系统未按国家规定在井架或者井塔的过卷段内设置罐笼防坠装置；

4）斜井串车提升系统未按国家规定设置常闭式防跑车装置、阻车器、挡车栏，或者连接链、连接插销不符合国家规定；

5）斜井提升信号系统与提升机之间未实现闭锁。

竖井和斜井提升系统的安全保护装置、电气闭锁和联锁装置与提升机、罐笼、矿车等设备的运行密切相关，一旦这些系统或装置失去功能，极易造成坠罐、矿车坠井、跑车等事故，导致群死群伤，后果极其严重。

竖井提升系统应按照《金属非金属矿山安全规程》（GB 16423—2020）第6.4.4.17条设置类保护和联锁装置，按照《金属非金属矿山安全规程》（GB 16423—2020）第6.4.4.15条、第6.4.4.16条设置过卷保护装置、过卷挡梁和楔形罐道等，按照《罐笼安全技术要求》（GB 16542—2010）第4.5.1条设置防坠器。

斜井提升系统应按照《金属非金属矿山安全规程》（GB 16423—2020）第6.4.2.1条、第6.4.2.7条、第6.4.2.8条设置断绳保护器、连接装置、保险链、阻车器、挡车栏、常闭式防跑车装置等安全装置。

提升系统的提升装置、各种安全保护装置、闭锁联锁系统及装置等应按照要求由有资质的检测检验机构按规定的周期进行定期试验或者检测检验：

①在用缠绕式提升机、摩擦式提升机和提升绞车应分别按《金属非金属矿山在用缠绕式提升机安全检测检验规范》（AQ 2020—2008）、《金属非金属矿山在用摩擦式提升机安全检测检验规范》（AQ 2021—2008）和《金属非金属矿山在用提升绞车安全检测检验规范》（AQ 2022—2008）的规定进行定期检验，检验周期应符合第7.1条和第7.2条规定：用于载人的提升机、提升绞车每年一次，其他至少三年一次；有下列情况之一时，再次进行检验：新安装、大修后投入使用前；闲置时间超过一年，重新投入使用前；经过重大自然灾害可能使结构件强度、刚度、稳定性受到损坏的提升机和提升绞车使用前。

②在用矿用电梯应按《金属非金属矿山在用矿用电梯安全检验规范》（AQ 2058—2016）规定进行定期检验，检验周期应符合第6.1.1条：矿用电梯定期检验的周期为一年，出现下列情况之一时，应进行检验：发生自然灾害或者设备事故而使其安全技术性能受到影响，再次使用前；停止使用一年以上的矿用电梯，再次使用前。

③提升钢丝绳应按《金属非金属矿山提升钢丝绳检验规范》（AQ 2026—2010）进行检验，检验周期按《金属非金属矿山安全规程》（GB 16423—2020）第6.4.7.4条规定：升降人员或升降人员和物料用的钢丝绳，自悬挂时起，每隔六个月检验一次；有腐蚀气体的矿山，每隔三个月检验一次。升降物料用的钢丝绳，自悬挂时起，第一次检验的间隔时间为一年，以后每隔六个月检验一次。悬挂吊盘用的钢丝绳，自悬挂时起，每隔一年检验一次。

④竖井提升系统中使用的防坠器其试验应符合《金属非金属矿山安全规程》（GB 16423—2020）第6.4.4.29条规定：新安装或大修后的单绳罐笼防坠器应进行脱钩试验，合格后方可使用；在用防坠器每半年进行一次不脱钩试验；每年进行一次脱钩试验；防坠器的抓捕器断面减少20%或者导向套衬瓦一侧磨损超过3mm时应更换。检验周期应符合《金属非金属矿山竖井提升系统防坠器安全性能检测检验规范》（AQ 2019—2008）第8.1条规定：安装使用的防坠器的定期检验周期为一年。

⑤在用斜井人车应按《矿山在用斜井人车安全性能检验规范》（AQ

2028—2010）规定进行定期检验，定期检验周期应符合第8.1条规定：在用斜井人车的定期检验周期为一年。

（23）井下无轨运人车辆存在下列情形之一的：

1）未取得金属非金属矿山矿用产品安全标志；

2）载人数量超过25人或者超过核载人数；

3）制动系统采用干式制动器，或者未同时配备行车制动系统、驻车制动系统和应急制动系统；

4）未按国家规定对车辆进行检测检验。

（24）一级负荷未采用双重电源供电，或者双重电源中的任一电源不能满足全部一级负荷需要。

对于中断供电将会危及人员生命安全及在经济上造成重大损失的用电负荷均属一级负荷。

根据《矿山电力设计规范》（GB 50070—2009）第3.0.1条，金属非金属矿山一级负荷主要包括：

1）井下有淹没危险环境矿井的主排水泵及下山开采采区的采区排水泵；

2）井下有爆炸或对人体健康有严重损害危险环境矿井的主通风机；

3）矿井经常升降人员的立井提升机；

4）根据国家或行业现行有关标准规定应视为一级负荷的其他设备。

其中，双电源供电也叫双重电源供电，是指当一电源中断供电，另一电源不应同时受到损坏，且电源容量应至少保证矿山企业全部一级负荷电力需求。

双电源供电包括：

①分别来自不同电网的电源；

②一电源为国家电网供电，另一电源为自备电源；

③来自同一电网但在运行时电路互相之间联系很弱；

④来自同一个电网但其间的电气距离较远，一个电源系统任意一处出现异常运行时或发生短路故障时，另一个电源仍能不中断供电。

（25）向井下采场供电的6~35kV系统的中性点采用直接接地。

（26）工程地质或者水文地质类型复杂的矿山，井巷工程施工未进行施工组织设计，或者未按施工组织设计落实安全措施。

（27）新建、改扩建矿山建设项目有下列行为之一的：

1）安全设施设计未经批准，或者批准后出现重大变更未经再次批准擅自组织施工；

2）在竣工验收前组织生产，经批准的联合试运转除外。

（28）矿山企业违反国家有关工程项目发包规定，有下列行为之一的：

1）将工程项目发包给不具有法定资质和条件的单位，或者承包单位数量超过国家规定的数量；

2）承包单位项目部的负责人、安全生产管理人员、专业技术人员、特种作业人员不符合国家规定的数量、条件或者不属于承包单位正式职工。

（29）井下或者井口动火作业未按国家规定落实审批制度或者安全措施。

（30）矿山年产量超过矿山设计年生产能力幅度在20%及以上，或者月产量大于矿山设计月生产能力的20%及以上。

（31）矿井未建立安全监测监控系统、人员定位系统、通信联络系统，或者已经建立的系统不符合国家有关规定，或者系统运行不正常未及时修复，或者关闭、破坏该系统，或者篡改、隐瞒、销毁其相关数据、信息。

（32）未配备具有矿山相关专业的专职矿长、总工程师以及分管安全、生产、机电的副矿长，或者未配备具有采矿、地质、测量、机电等专业的技术人员。

7.5.2 金属非金属露天矿山重大事故隐患

金属非金属露天矿山重大事故隐患如下。

（1）地下开采转露天开采前，未探明采空区和溶洞，或者未按设计处理对露天开采安全有威胁的采空区和溶洞。

地下矿山转露天开采，原有地下矿山采空区可能不明。

如果未探明采空区，并采取专项的安全技术措施即进行作业，往往造成人员和设备掉进采空区事故的发生。

《金属非金属矿山安全规程》（GB 16423—2020）第5.1.3条规定：地下开采转为露天开采时，应确定全部地下工程和矿柱的位置并绘制在矿山平、剖面对照图上；开采前应处理对露天开采安全有威胁的地下工程和采空区，不能处理的，应采取安全措施并在开采过程中处理。

（2）使用国家明令禁止使用的设备、材料或者工艺。

目前，国家安全监管总局发布了《关于发布金属非金属矿山禁止使用的设备及工艺目录（第二批）的通知》（安监总管一〔2015〕13号），规定对露天矿山七类设备、材料和工艺禁止使用。

（3）未采用自上而下的开采顺序分台阶或者分层开采。

《小型露天采石场安全管理与监督检查规定》（国家安全监管总局令第39号）第十五条规定：小型露天采石场应当采用台阶式开采。不能采用台阶式开采的，应当自上而下分层顺序开采。

除小型露天采石场以外的露天矿山外，都应遵守《金属非金属矿山安全规程》（GB 16423—2020）第5.2.1.1条规定：露天开采应遵循自上而下的开采顺序，分台阶开采。

（4）工作帮坡角大于设计工作帮坡角，或者最终边坡台阶高度超过设计高度。

工作帮坡角过大，台阶（分层）高度超过设计高度，均会降低台阶或边坡的稳定性，易发生边坡滑坡甚至坍塌事故。

工作帮坡角是指露天矿工作帮最上一个台阶坡底线和最下一个台阶坡底线所构成的假象坡面与水平的夹角。

台阶高度指的是并段后的台阶高度。

分层高度指小型露天采石场开采时分层的高度。

《小型露天采石场安全管理与监督检查规定》（国家安全监督管理总局令第39号）第十五条规定：分层开采的分层高度由设计确定，实施浅孔爆破作业时，分层数不得超过6个，最大开采高度不得超过30m；实施中深孔爆破作业时，分层高度不得超过20m，分层数不得超过3个，最大开采高度不得超过60m。

（5）开采或者破坏设计要求保留的矿柱、岩柱或者挂帮矿体。

设计保留的矿柱、岩柱、挂帮矿体，是为了预防矿山各种工程地质和水文地质灾害，保护建筑物和工业场地安全，防止地表移动和下沉，确保矿山开采安全高效地进行而留设的。

任意开采或破坏矿柱、岩柱、挂帮矿体，导致其承载能力下降，极易引发大面积滑坡和塌陷事故，影响建筑物和工业场地的安全，甚至造成重大人员伤亡事故。

《金属非金属矿山安全规程》（GB 16423—2020）第5.1.7条规定：设

计规定保留的矿柱、岩柱、挂帮矿体，在规定的期限内，未经技术论证，不应开采或破坏。

（6）未按有关国家标准或者行业标准对采场边坡、排土场边坡进行稳定性分析。

采场边坡、排土场稳定性是生产过程中不可忽视的问题，一旦采场边坡、排土场的稳定性达不到要求，往往容易发生边坡、排土场垮塌、滑坡等事故，造成人员伤亡。

（7）边坡存在下列情形之一的：

1）高度 200m 及以上的采场边坡未进行在线监测；

2）高度 200m 及以上的排土场边坡未建立边坡稳定监测系统；

3）关闭、破坏监测系统或者隐瞒、篡改、销毁其相关数据、信息。

《金属非金属矿山安全规程》（GB 16423—2020）第 5.5.3.2 条规定：矿山企业应建立排土场边坡稳定监测制度，边坡高度超过 200m 的，应设边坡稳定监测系统，防止发生泥石流和滑坡。

（8）边坡出现滑移现象，存在下列情形之一的：

1）边坡出现横向及纵向放射状裂缝；

2）坡体前缘坡脚处出现上隆（凸起）现象，后缘的裂缝急剧扩展；

3）位移观测资料显示的水平位移量或者垂直位移量出现加速变化的趋势。

边坡滑坡事故往往造成人员伤亡，设备损毁，生产系统破坏。

不同类型、不同性质、不同特点的露天边坡滑坡，在滑动之前，均会表现出不同的异常（滑移）现象，显示出滑坡的预兆（前兆）。

（9）运输道路坡度大于设计坡度 10% 以上。

露天矿上山道路一般承担着矿山的人员、设备运输、检修、消防安全通道的作用。上山道路在设计中一般以行驶安全、稳定为主，在设计时综合考虑了车辆型号、坡长等因素。增大坡度角度将给车辆的安全行驶带来重大的隐患。

（10）凹陷露天矿山未按设计建设防洪、排洪设施。

深凹陷露天矿山，遇到强降雨等极端天气时，防洪排洪设施不完善往往严重威胁露天矿山人员、设备和边坡安全。

《金属非金属矿山安全规程》（GB 16423—2020）第 5.7.1.4 条规定：

露天矿山应按照下列要求建立防排水系统：1）受洪水威胁的露天采场应设置地面防洪工程；2）不具备自然外排条件的山坡露天矿，境界外应设截水沟排水；3）凹陷露天坑应设机械排水或自流排水设施；4）遇设计防洪频率的暴雨时，最低台阶淹没时间不应超过7天，淹没前应撤出人员和重要设备。

防洪、排洪设施主要包括截水沟、拦河护堤、泄水井巷或钻孔、集水坑（水仓）、管网系统、排水设备等。

（11）排土场存在下列情形之一的：

1）在平均坡度大于1:5的地基上顺坡排土，未按设计采取安全措施；

2）排土场总堆置高度2倍范围以内有人员密集场所，未按设计采取安全措施；

3）山坡排土场周围未按设计修筑截、排水设施。

《金属非金属矿山安全规程》（GB 16423—2020）第5.5.1.1条至第5.5.1.6条，对排土场做了一系列的规定：

①排土场不应受洪水威胁或者由于上游汇水造成滑坡、塌方、泥石流等灾害。

②排土场不应给采矿场、工业场地、居民区、铁路、公路和其他设施造成安全隐患。

③排土场不应影响露天矿山边坡稳定，不应产生滚石、滑塌等危害。

④排土场建设前应进行工程地质、水文地质勘查，并按照排土场稳定性要求处理地基。

⑤排土场应设拦挡设施，堆置高度大于120m的沟谷型排土场应在底部设置挡石坝。

⑥内部排土场不应影响矿山正常开采和边坡稳定，排土场坡脚与开采作业点之间应留设安全距离，必要时设置滚石或泥石流拦挡设施。

《有色金属矿山排土场设计规范》（GB 50421—2007）第4.0.2条和《冶金矿山排土场设计规范》（GB 51119—2015）第5.4.1条都规定：矿山居住区、村镇、工业场地等的安全距离为大于或等于排土场的2倍高度。

（12）露天采场未按设计设置安全平台和清扫平台。

安全平台是用于缓冲和阻截滑落的岩石的，同时还可用于减缓最终边坡角，以保证最终边坡的稳定性和下部水平的作业安全。安全平台的宽度一般约为台阶高度的1/3。

清扫平台是用于阻截和清理滑落的岩石的,同时又起着安全平台的作用。一般在最终边坡上每隔2~3个台阶要设置一清扫平台,其宽度要满足所用清扫设备的要求。如果清扫平台上设有排水沟,其宽度应考虑排水沟的技术要求。

《金属非金属矿山安全规程》(GB 16423—2020)第5.2.1.4条规定:露天采场应设安全平台和清扫平台。人工清扫平台宽度不小于6m,机械清扫平台宽度应满足设备要求且不小于8m。

(13)擅自对在用排土场进行回采作业。

7.5.3 尾矿库重大事故隐患

尾矿库重大事故隐患如下。

(1)库区或者尾矿坝上存在未按设计进行开采、挖掘、爆破等危及尾矿库安全的活动。

在库区乱采、滥挖、非法爆破有可能造成周边山体滑坡、坍塌,滑坡体进入尾矿库,致使库内水位上升,还有可能冲击坝体,从而造成尾矿库溃坝;或者由于山体滑坡,原有山体承受力降低,造成尾矿库溃坝。在尾矿坝上未按批准的设计方案进行开采、挖掘、爆破等活动不仅会直接损坏坝体导致溃坝,还可能会引起坝体液化而导致溃坝。

《尾矿库安全技术规程》(AQ 2006—2005)第6.7.2条规定:严禁在库区和尾矿坝上进行乱采、滥挖、非法爆破等。《尾矿库安全监督管理规定》(国家安全监督管理总局令38号)第二十六条要求:未经生产经营单位进行技术论证并同意,以及尾矿库建设项目安全设施设计原审批部门批准,任何单位和个人不得在库区从事爆破、采砂、地下采矿等危害尾矿库安全的作业。

(2)坝体存在下列情形之一的:

1)坝体出现严重的管涌、流土变形等现象;

2)坝体出现贯穿性裂缝、坍塌、滑动迹象;

3)坝体出现大面积纵向裂缝,且出现较大范围渗透水高位逸出或者大面积沼泽化。

横向裂缝是指裂缝的走向与坝轴线垂直或斜交。管涌是指尾砂细颗粒在粗颗粒形成的空隙中流动以至流失,逐渐形成管形通道;流土变形是在渗透作用下，当向上的渗透力大于尾砂的有效重度时，尾砂处于悬浮状态，局部坝体隆起、浮动或尾砂粒群同时发生移动而流失的现象。坝体深层滑动是指尾矿库坝体内部发生剧烈变形，可能引发整个坝体移动、坍塌、失稳。

（3）坝体的平均外坡比或者堆积子坝的外坡比陡于设计坡比。

坝外坡坡比指的是尾矿坝的垂直高度与水平宽度的比值。坝外坡坡比是根据尾砂力学参数计算坝体渗流稳定和抗滑稳定获得的，由设计确定。坝外坡坡比一旦变小，坝体渗流和抗滑稳定就会降低，可能导致渗流破坏而溃坝。

《尾矿库安全技术规程》（AQ 2006—2005）第 6.3.2 条规定：尾矿坝堆积坡比不得陡于设计规定。

（4）坝体高度超过设计总坝高，或者尾矿库超过设计库容贮存尾矿。

尾矿库坝体超过设计坝高或超设计库容储存尾矿极易造成尾矿坝失稳，从而导致溃坝事故。

《尾矿库安全监督管理规定》（国家安全监督管理总局令第 38 号）第二十八条和第二十九条规定：1）尾矿库运行到设计最终标高或者不再进行排尾作业的，应当在一年内完成闭库。特殊情况不能按期完成闭库的，应当报经相应的安全生产监督管理部门同意后方可延期，但延长期限不得超过 6 个月。2）尾矿库运行到设计最终标高的前 12 个月内，生产经营单位应当进行闭库前的安全现状评价和闭库设计，闭库设计应当包括安全设施设计，并编制安全专篇。

若需要加高扩容，属于扩建建设项目，按照《建设项目安全设施"三同时"监督管理办法》（国家安全监督管理总局令第 36 号）第七条、第十一条、第十四条和第二十三条规定：建设项目在进行可行性研究时，生产经营单位应当按照国家规定，进行安全预评价；在建设项目初步设计时，应当委托有相应资质的初步设计单位对建设项目安全设施同时进行设计，编制安全专篇；无建设项目审批、核准或者备案文件的，不得开工建设；建设项目安全设施竣工或者试运行完成后，生产经营单位应当委托具有相应资质的安全评价机构对安全设施进行验收评价，并编制建设项目安全验收评价报告。

（5）尾矿堆积坝上升速率大于设计堆积上升速率。

坝体上升速度过快，堆积坝体内的水无法排出，造成坝体无法充分固结，渗流破坏的概率增大，降低了坝体稳定性，严重的导致溃坝。

（6）采用尾矿堆坝的尾矿库，未按《尾矿库安全规程》（GB 39496—2020）第6.1.9条规定对尾矿坝做全面的安全性复核。

（7）浸润线埋深小于控制浸润线埋深。

尾矿库的浸润线为尾矿库的生命线，浸润线的埋深与尾矿库的稳定性有着密切的关系。当浸润线埋深小于控制浸润线埋深时，尾矿库的渗流稳定性和抗滑安全系数均小于设计值，易发生渗流破坏造成坝体失稳，从而导致溃坝。

《尾矿设施设计规范》（GB 50863—2013）第4.3.5条规定：尾矿坝的渗流控制措施必须确保浸润线低于控制浸润线。

（8）汛前未按国家有关规定对尾矿库进行调洪演算，或者湿式尾矿库防洪高度和干滩长度小于设计值，或者干式尾矿库防洪高度和防洪宽度小于设计值。

设计给定的安全超高和干滩长度，是为确保坝体稳定和尾矿库安全，经调洪演算后确定的，当尾矿库的安全超高和干滩长度小于设计时，可能造成渗流破坏导致溃坝，也有可能导致子坝直接挡水、引发洪水漫顶而溃坝。

（9）排洪系统存在下列情形之一的：

1）排水井、排水斜槽、排水管、排水隧洞、拱板、盖板等排洪建构筑物混凝土厚度、强度或者形式不满足设计要求；

2）排洪设施部分堵塞或者坍塌、排水井有所倾斜，排水能力有所降低，达不到设计要求；

3）排洪构筑物终止使用时，封堵措施不满足设计要求。

排洪系统通常由进水构筑物和输水构筑物两部分组成。进水构筑物主要有排水井、排水斜槽等；输水构筑物主要有排水管、隧洞、排水斜槽等。排洪系统构筑物严重堵塞、坍塌包括进水构筑物和输水构筑物两个方面。

《尾矿库安全技术规程》（AQ 2006—2005）明确"排洪系统严重堵塞或坍塌，不能排水或排水能力急剧降低""排水井显著倾斜，有倒塌的迹象"是判断尾矿库属于危库的工况。

（10）设计以外的尾矿、废料或者废水进库。

不同的尾矿物理性质不一样，设计以外的尾矿、废料和废水进库后，不但造成尾矿沉积规律发生变化，渗透系数也随之而改变，同时，易存在软弱夹层，坝体渗流稳定无法得到保障，坝体易因渗流破坏而溃坝，同时由于超量排放也可能造成堆积坝上升速率大于设计速率。

《尾矿库安全监督管理规定》（国家安全监督管理总局令第38号）第十八条规定："对生产运行的尾矿库，未经技术论证和安全生产监督管理部门的批准，任何单位和个人不得对设计以外的尾矿、废料或者废水进库等"进行变更。

（11）多种矿石性质不同的尾砂混合排放时，未按设计进行排放。

多种矿石性质不同的尾砂混合排放时，设计会给定混合比例、不同矿石尾砂的排放方式（坝前排放、周边排放、库尾排放）、排放浓度、支管排放流量。未按设计排放，造成尾矿沉积规律发生变化，渗透系数也随之而改变，同时，易存在软弱夹层，坝体渗流稳定无法得到保障，坝体易因渗流破坏而溃坝。

（12）冬季未按设计要求的冰下放矿方式进行放矿作业。

冰下放矿作业是指将放矿管直接插入水面区冰盖以下集中放矿。本条主要是针对我国东北、华北、西北及青藏高原等严寒地区的上游式筑坝尾矿库。冬季未在冰下放矿作业，易引起浸润线抬升或逸出、坝体突然出现融陷、尾砂强度参数迅速降低，进而导致尾矿库溃坝。

（13）安全监测系统存在下列情形之一的：

1）未按设计设置安全监测系统；

2）安全监测系统运行不正常未及时修复；

3）关闭、破坏安全监测系统，或者篡改、隐瞒、销毁其相关数据、信息。

（14）干式尾矿库存在下列情形之一的：

1）入库尾矿的含水率大于设计值，无法进行正常碾压且未设置可靠的防范措施；

2）堆存推进方向与设计不一致；

3）分层厚度或者台阶高度大于设计值；

4）未按设计要求进行碾压。

（15）经验算，坝体抗滑稳定最小安全系数小于国家标准规定值的0.98倍。

（16）三等及以上尾矿库及"头顶库"未按设计设置通往坝顶、排洪系统附近的应急道路，或者应急道路无法满足应急抢险时通行和运送应急物资的需求。

（17）尾矿库回采存在下列情形之一的：

1）未经批准擅自回采；

2）回采方式、顺序、单层开采高度、台阶坡面角不符合设计要求；

3）同时进行回采和排放。

（18）用以贮存独立选矿厂进行矿石选别后排出尾矿的场所，未按尾矿库实施安全管理的。

（19）未按国家规定配备专职安全生产管理人员、专业技术人员和特种作业人员。

7.6 交通安全、用电安全与消防安全

7.6.1 交通安全

7.6.1.1 厂内运输安全要求

（1）汽车、电瓶车或铲车的驾驶人员，必须持有驾驶执照，严禁无证开车。

（2）车辆的各种机构，必须符合安全规范和安全要求，严禁带故障运行。

（3）汽车在厂内的行驶速度，应遵守下列规定：

1）在矿区道路上行驶，每小时不准超过 20km；

2）出入矿区大门及倒车速度，每小时不准超过 5km；

3）在车间内及出入车间大门的速度，每小时不准超过 3km；

4）在转弯处或视线不良处，应减速行驶。

（4）汽车在厂内装卸货物时，应遵守下列安全要求：

1）根据本车负荷吨位装车，不准超载；

2）装载货物高度，不允许超过 3.5m（从地面算起）；

3）装载零散货物时，不要超过两侧箱板，必要时可将两侧箱板加高，以防货物掉落砸伤人员；

4）汽车在装卸物件时，特别是使用起重机装卸货物时，不允许检查和修理车辆，无关人员也不得进入装卸作业区域。

（5）汽车装卸货物，如果随车人员同行，则应坐在指定的安全地点，严禁行车时爬上爬下。

（6）铲车在行驶时，无论是空载还是重载，其车铲距地面不得少于300mm，但也不得高于500mm。

（7）铲车在铲货物时，应先将其垫起，然后起铲。货物放置要平稳，不得偏重和偏高。

（8）铲车在铲货物时，无关人员不得靠近，特别是当货物升起时，其下方严禁有人站立和通过，以防货物落下伤人。

（9）严禁任何人站在铲车上或铲车的货物上随车行驶，也不准站在铲车车门上随车行驶。

7.6.1.2　交通事故的预防

（1）提高交通安全意识。发生交通事故最主要的原因是思想麻痹、安全意识淡薄。作为大学生，遵守交通法规是最起码的要求，若没有交通安全意识很容易带来生命之忧。

（2）自觉遵守交通法规。除提高交通安全意识、掌握基本的交通安全常识外，还必须自觉遵守交通法规，才能保证安全。以下三点是必须掌握并要在日常生活中严格遵守的：

1）在道路上行走，应走人行道，无人行道时靠右边行走。走路时要集中精力，"眼观六路，耳听八方"；不与机动车抢道，不突然横穿马路、翻越护栏，过街走人行横道；不闯红灯，不进入标有"禁止行人通行""危险"等标志的地方。

2）乘坐交通工具。乘坐市内公共交通等车停稳后，依次上车，不挤不抢。车辆行驶中不得把身体伸出窗外；乘坐长途客车、中巴车时不能贪图便宜，不要乘坐车况不好的车，不要乘坐"黑巴""摩的"，因为这些车辆安全没有保障。乘坐火车、轮船、飞机时必须遵守车站、码头和机场的各项安全管理规定。

3）驾驶交通工具须具备相应驾驶证，严格遵守相关交通法规。

7.6.1.3　发生交通事故的处理办法

（1）及时报案。无论在校外还是在校内，一旦发生交通事故后，首先想到的是及时报案，有利于事故的公正处理，千万不能与肇事者"私了"。若在校外发生交通事故除及时报案外，还应该及时与学校取得联系，由学校出面处理有关事宜。

（2）保护现场。事故现场的勘查结论是划分事故责任的依据之一，若现场没有保护好会给交通事故的处理带来困难，造成"有理说不清"的情况。切记，发生交通事故后要保护好事故现场。

（3）控制肇事者。若肇事者想逃脱，一定要设法控制，自己不能控制可以发动周围的人帮忙控制，若实在无法控制也要记住肇事车辆的车牌号等特征。

7.6.2 用电安全

7.6.2.1 安全用电基本要求

（1）车间内的电气设备，不要随便乱动。自己使用的设备、工具，如果电气部分出了故障，不得自行修理，也不得带故障运行，应立即请电工检修[10]。

（2）自己经常接触和使用的配电箱、配电板、闸刀开关、按钮开关、插座、插销以及导线等，必须保持完好、安全，不得有破损或将带电部分裸露出来。

（3）在操作闸刀开关、磁力开关时，必须将盖盖好，防止万一短路发生电弧或熔丝熔断飞溅伤人。

（4）使用的电气设备，其外壳按有关安全规程，必须进行防护性接地或接零。对于接地或接零的联结点要经常进行检查。要保证连接牢固，接地或接零的导线不得有任何断开的地方。

（5）需要移动某些非固定安装的电气设备，如电风扇、照明灯、电焊机等时，必须先切断电源再移动。同时导线要收拾好，不得在地面上拖来拖去，以免磨损。如果导线被物体压住时，不要硬拉，防止导线被拉断。

（6）在使用手电钻、电砂轮等手持电动工具时，必须装设漏电保护器，使用相应的插头、插座。严禁将导线直接插入插座内使用。同时，注意不得将工件等重物压在导线上，防止轧断导线发生漏电。

（7）在一般情况下，用电设备使用一个月以上时应安装正式线路，短期使用必须装置临时线，须经过机动部门和安技部门批准。同时，临时线应按有关安全规定安装好，不得随便乱拉乱拽。另外，必须按规定时间拆除。

（8）在进行容易产生静电火灾、爆炸事故的操作时（如使用汽油清洗零件、擦拭金属板材等），必须有良好的接地装置，以便及时导除聚集的静电。

（9）在雷雨天，不要走近高压电杆、铁塔、避雷针的接地导线周围20m之内，以免有雷击时产生跨步电压触电。

（10）在遇到高压电线断落地面时，导线断落点周围 20m 内，禁止人员入内，以防跨步电压触电。如果此时已有人在 20m 之内，不要跨步行走，应用单足或并足跳离危险区。

（11）发生电气火灾时，应立即切断电源，用黄砂、二氧化碳、四氯化碳等灭火器材灭火。切不可用水或泡沫灭火器灭火，因为它们有导电的危险。救火时，应注意自己身体的任何部分及灭火器具不得与电线、电气设备接触，以防触电。

（12）车间的电气设备，如变压器、配电盘及裸露的电线或涂有红色、黄色、绿色铜、铝导电排等，可能带电，任何人员绝对不要触摸。

（13）任何电气设备在未验明无电之前，一律认为有电，不要盲目触及。所有标志牌（如"禁止合闸""有人操作"等标牌），非有关人员不得随便移动。

7.6.2.2　触电急救方法

触电急救的基本原则是动作迅速、方法正确。

（1）脱离电源。人体触电以后，可能由于痉挛或失去知觉等原因而紧抓带电体，无法自行摆脱电源。抢救触电者的首要步骤就是使触电者尽快脱离电源。

（2）使触电者脱离电源的方法：

1）立即将闸刀开关拉开或将插头拔掉，切断电源。要注意，普通的电灯开关（如拉线开关）只能切断一根线，有时切断的不是相线，并未真正切断电源。

2）找不到开关或插头时，可用绝缘的物体（如干燥的木棒、竹竿、手套等）将电线拨开，使触电者脱离电源。

3）用绝缘工具（如带绝缘的电工钳、木柄斧头以及干燥木棍等）切断电线来切断电源。

4）遇高压触电事故，立即通知有关部门停电。

总之，要因地制宜，灵活运用各种方法，快速切断电源。

（3）现场急救办法。当触电者脱离电源后，应根据触电者的具体情况迅速对症救护。现场施救的主要办法是空对空人工呼吸法和体外心脏按压法。

7.6.2.3　电气安全预防知识

在进行有关电气的操作时，必须穿戴好劳保用品，做好安全防护措施，要确保双手和工作服的干燥，在电源未切断时不能进行电气设备的修理工作。停电检修电气设备前，首先要用试电笔检验一下是否确实无电，检修时，应在开关和刀闸操作把手上挂"禁止合闸，有人工作"的警示牌，以防他人无意中合上电闸发生危险。检修完毕后，合闸送电之前，还要检查一下线路上或电气设备上是否有人工作，以防止送电伤人。在移动电风扇、照明灯、电焊机等电气设备时，必须先切断电源，并保护好导线，以免磨损或拉断。若电线有破损，应及时用绝缘电工胶布缠绕，避免裸露的电线造成电击事件，必要时需更换电线。在使用手电钻、电砂轮等手持电动工具时，必须安装漏电保护器，工具外壳要进行防护性接地或接零，操作时应戴好绝缘手套并站在绝缘板上。工作梯子应坚固完整，不宜绑接使用，要能承受作业人员和工具、材料的总重量，竹梯使用时应在脚上包扎防滑橡皮，在带电设备周围严禁使用钢卷尺、皮卷尺和线尺（夹有金属丝者）进行测量工作。

（1）触电事故季节性明显，每年一般集中在 $2\sim3$ 季度，事故较多。发生触电事故时，对触电者首先采取的措施是迅速解脱电源。如果触电者受到的伤害情况较严重，无知觉、无呼吸，但心脏有跳动时，应立即进行人工呼吸。

（2）为了保证在故障情况下人身和设备的安全，应尽量装设漏电流动作保护器。它可以在设备及线路漏电时通过保护装置的检测机构转换取得异常信号，经中间机构转换和传递，然后促使执行机构动作，自动切断电源，起到保护作用。

（3）电器、照明设备、手持电动工具以及通常采用单相电源供电的小型电器，有时会引起火灾，其原因通常是电气设备选用不当或由于线路年久失修，绝缘老化造成短路，或由于用电量增加、线路超负荷运行、维修不善导致接头松动，电器积尘、受潮、热源接近电器、电器接近易燃物和通风散热失效等。

（4）雷电的防护：雷电危害的防护一般采用避雷针、避雷器、避雷网、避雷线等装置将雷电直接导入大地。避雷针主要用来保护露天变配电设备、建筑物和构筑物；避雷线主要用来保护电力线路；避雷网和避雷带主要用来保护建筑物；避雷器主要用来保护电力设备。

（5）从事电气工作的人员为特种作业人员，必须经过专门的安全技术培训和考核，经考试合格取得安全生产综合管理部门核发的《特种作业操作证》后，才能独立作业。电工作业人员要遵守电工作业安全操作规程，坚持维护检修制度，特别是高压检修工作的安全，必须坚持工作票、工作监护等工作制度。

7.6.3 消防安全

火灾是人类的大敌，具有疯狂性、恐怖性、毁灭性的特点。一场无情的火灾，它会顷刻间烧毁成千上万财物乃至残酷地摧残、夺去人们宝贵的生命。因此，学消防、懂消防和掌握一些必要的消防常识是生活中所必须掌握的。

"预防为主、防消结合""防患于未然"是做好消防工作的基本方针，因此，培训全体成员的消防观念，强化消防安全防范意识是搞好消防工作的当务之急。

7.6.3.1 什么是消防

消防是预防和扑救火灾的总称。

（1）消防燃烧的条件：控制可燃物，隔绝助燃物消除火源，以破坏燃烧的条件，最终达到防火的目的。

（2）扑救：就是根据不同的燃烧条件，采用不同的灭火方法（窒息灭火法、冷却灭火法、隔离灭火法、抑制灭火法）。有时甚至使用几种方法，掌握进攻时机，协助配合，使已经产生的燃烧条件得到破坏，迅速有效地扑灭火灾。

（3）注意消防通道的畅通。

7.6.3.2 四种基本灭火法

（1）窒息灭火法。窒息灭火法就是根据可燃物燃烧需要足够的空气（氧）这个条件，采用适当措施阻止空气流入燃烧区，或者采用不燃物质或惰性气体冲淡（稀）空气中的氧含量，使燃烧物缺乏氧气的助燃而熄灭。这种灭火方法适用于扑救密闭的房间和生产装置、设备容器内的火灾。

（2）冷却灭火法。冷却灭火法就是根据可燃物发生燃烧必须达到一定温度的条件，将水或灭火剂直接喷洒在燃烧着的物体上，使燃烧物的温度降低到燃点以下，从而终止燃烧。

（3）隔离灭火法。隔离灭火法是根据发生燃烧必须具备可燃物的这个条件，将与燃烧物体邻近的可燃物隔离开，使燃烧停止。

（4）抑制灭火法。抑制灭火法是将灭火剂喷在燃烧物体上，参与燃烧反应过程，使燃烧中产生的游离基消失，形成稳定分子或低活性的游离基，从而使燃烧终止。

7.6.3.3 灭火器的分类和使用方法

灭火器是一种可用人力移动的轻便灭火器具。它由筒体、筒盖、瓶胆、瓶夹器头、喷嘴等部件组成。它结构简单，操作方便，使用面广，是扑救初起火灾必备的灭火器材。灭火器分类如下。

（1）化学泡沫灭火器。

1）适用于石油制品、油脂等火灾，不能扑救水溶性可燃、易燃液体火灾，也不能扑救用电设备的火灾。

2）使用方法。

①在及时赶赴火场时不得将灭火器倾斜，更不可横向或颠倒。

②当距离着火点有10m左右时，即可将筒体倒置过来，一只手紧握提环，另一只手抓住筒体底，将泡沫射准燃烧物。

③如果可燃液体已呈流淌状燃烧，则应将泡沫由远而近喷射，如果在容器内燃烧，应将泡沫射向容器的内壁，切忌直接对准液体面喷射。

④扑救固体火灾时，应将泡沫对准燃烧最猛烈处。

⑤使用时灭火器应始终保持倒置状态。

（2）二氧化碳灭火器。

1）二氧化碳灭火器一般适用于扑救600V以下的带电电器、贵重设备、图书资料及可燃液体的初起火灾。

2）使用方法。

①灭火时要将灭火器提出防火场，在距离燃烧场5m左右放下灭火器。

②然后拉出保险销，一手握住喇叭筒根部的手柄，另一只手握紧启闭阀的压把。

③对没有喷射软臂的二氧化碳灭火器，应把喇叭筒往下成70°~90°。

④使用时不能直接用手抓住喇叭筒体外壁和金属连接管，防止手被冻伤。

⑤灭火时，当可燃物呈流淌状燃烧时，使用者应将二氧化碳灭火器的喷流由近而远向火喷射。

⑥如果可燃液体在容器内燃烧时，使用者应将喇叭筒提起，从容器的一

侧上部向燃烧的容器中喷射，但不能使二氧化碳射流直接冲到可燃液体面上。

⑦在室外使用二氧化碳灭火器时，应选择上风方向喷射，在窄小的空间使用，操作者使用后迅速离开，以防窒息、中毒。

（3）干粉灭火器。

1）干粉灭火器以高压二氧化碳为动力，利用喷射筒内的干粉进行灭火，它适用于扑救石油及产品、可燃气体、易燃液体、电气设备等初起火灾，广泛用于工厂、矿山、船舶、油库等场所。

2）使用方法。灭火时，快速将灭火器扛到火场，在距燃烧场 5m 处放下灭火器，然后拉开保险销，按下压把，对准火场根部由近而远左右扫射。

（4）1211 灭火器。

1）适用于任何可燃物引起的初起火灾。

2）它的使用方法与干粉灭火器的使用方法相同。

7.6.3.4　消防栓组成与使用方法

（1）它主要由消防水带、水枪、消防水阀门、专用消防水池、消防水管和报警自动加压水泵等零件组成。

（2）使用方法。发生火灾时，先用消防钟撞破报警玻璃，然后抛开消防水带，将消防水带的一头套在消防栓口上，另一头接上水枪，抓稳水枪后拧开消防栓水阀门对准着火点喷射。在抛消防水带时，要将水带抛顺，不要有拧、折叠现象；拧消防栓水阀时应抓稳水枪后进行，防止水枪在水压作用下摆动伤人，水阀也应尽量拧开，以保证水枪的水压和出水量。

7.6.3.5　救火救护知识

一旦发生火灾，面对紧急场面，必须沉着冷静，做到有组织、有纪律、有准备、有效及时地扑救。

（1）报警。一是向周围的人员报警；二是向单位及本单位的义务消防队报警；三是向当地公安消防报警（我国的火警电话是 119）。

（2）灭火。具体方法参见本节。

（3）救护措施。发生火灾时，如有人被大火围困，特别是围困在楼上时，应首先组织力量，贯彻救人第一，救人与救火同步进行的原则，积极施救。

1）自救方法。

①发生火灾后，不要为穿衣、找钱财而耽误宝贵的逃生时间，应迅速选择与火源相反的通道脱离险地。逃离火场时若遇浓烟，应尽量放低身体或是爬行，千万不要直立行走，以免被浓烟窒息；衣服被烧着不要惊慌失措，赶快在地上翻滚，使火熄灭。

②设有避难层、疏散楼梯的建筑，可先进入避难层或由疏散楼梯撤至安全点。

③如楼梯虽已起火，但尚未烧断且火势不很猛烈时，可披上用水浸湿的衣服或被单由楼上快速冲下；如楼梯已经烧断且火势相当猛烈时，可在房屋的窗户、阳台、自来水管等处逃生，也可用绳子或把床单撕成条状连接起来，一端拴在牢固的门窗或其他重物上，然后顺绳子或布条滑下。

④如各种逃生之路均被切断，应退入室内，采取防烟堵火措施，关闭门窗，并向门窗上浇水，以延缓火势蔓延过程，还要用多层湿毛巾捂住口鼻，做好个人防护。

2）救人方法。

①缓和救人术。当楼房火灾面积较大，受困人员较多时，可先引导，疏散受困人员到安全地点，然后再设法转移到地面。

②转移救人术。当某单元楼房发生火灾时，可引导被困人员通过屋顶或阳台转移到另一单元进行疏散救援。

③架梯救人术。利用云梯、曲臂车、三节或二节拉梯、挂钩梯、单杠、摇梯等登高工具，架设在楼房安全位置实施救援。

④绳管救人术。利用室外排水管或安全绳子抢救被困人员。

⑤控制救人术。用水枪控制住楼梯间的火势，引导被困人员迅速冲下。

⑥缓降救人术。利用缓降器等消防救护设施，把被困人员疏散到地面。

⑦拉网救人术。可以张开救生网或用衣服、棉被、帆布等设在地面，以供被困人员跳楼逃生。

7.7　疫情防控预案

鉴于"新型冠状病毒肺炎"等疫情严重影响实习及威胁师生健康，为切实保障实习师生的健康与安全，以"新冠肺炎疫情"为例，制定普适性质的疫情防控措施。

7.7.1　工作目标

安全、规范、科学、有序做好疫情防控期间采矿生产实习工作，确保各项工作顺利进行，实现"有序开展教学、确保师生安全"的工作目标。

7.7.2　组织领导

为加强对疫情防控期间生产实习的领导，确保各项工作落实到位，成立新冠肺炎疫情防控期间矿山现场工作领导小组。

组长：实习单位总负责人。

副组长：学校实习总负责带队老师、实习单位副负责人。

成员：学校实习带队老师、实习单位负责人、学生代表等。

7.7.3　防控原则

防控原则如下。

（1）加强教育与引导，坚定必胜信心。做好权威信息传达、思想教育引导、解疑释惑等工作，通过网络、电话、微信等多种形式，向实习学生及时推送科学防控疫情的信息，加强健康教育，引导理性认识疫情及防控措施，坚定必胜信心。

（2）加强管理与监督，做好科学防护。全面掌握疫情防控期间实习学生的工作生活环境状况、安全防护措施以及学生身体健康状况。与实习单位共同做好学生安全防护工作，按照一级响应和属地管理原则，严格遵守实习当地卫健委及企业的防疫要求，加强疫情监控，密切关注学生身体健康状况。通过电话、微信等形式与实习单位主管领导、学生本人、学生家长进行沟通，发现问题或者隐患，迅速采取相应措施，及时将风险降到最低。

（3）加强跟踪与落实，杜绝管理盲区。建立实习单位、学生、家长联防联控机制，在前期排查基础上，安排实习指导老师每日对实习学生工作变化、健康状况进行摸排统计，有异常情况及时报给企业卫生防疫部门及疫情防控办公室。

7.7.4　防控措施

防控措施如下。

（1）实习前加强实习生健康管理，做好宣传教育工作。实习前在校严格执行学校疫情防控规定，确保实习生近期无感冒发烧现象，近十四天不得有随意外出行为，更不得前往疫情风险地区，确保每个实习生的健康。同时对实习生加强卫生防疫教育，督促按照学校疫情管理制度执行，并遵从实习企业防疫规定和当地卫生防疫部门的规定。

（2）实习程中需严格遵守实习企业及当地防疫部门要求。

1）实习生在实习前务必保证个人身体健康方可前往实习地点，实习全程需要做好个人消毒和防护工作，确保个人健康。

2）实习期间，按照企业或当地卫生部门防疫的要求规范个人行为，如有违反企业或当地卫生部门防疫规定的行为，计入实习表现，给予通报批评等处分。

3）严格执行实习生疫情管理方案。实习生要配合实习指导老师做好一日三检工作，实习之前要检测体温，实习指导老师对实习学生健康状况进行询问与观察。

4）加强缺勤登记与追踪。实习学生要及时汇报自己的健康，实习指导老师每日登记缺勤、早退的学生，追踪缺勤、早退原因，并做好记录，并及时向企业和学校汇报。有疑似新冠肺炎疫情或可能存在其他突发公共卫生事件时，还要向属地卫生健康部门报告。

5）学生实习期间，需自觉按照企业规定进行健康监测，每天保持适量运动，选择人员较为稀疏的空旷开放空间进行室外运动。实习学生外出应随身备用符合一次性使用医用口罩标准或相当防护级别的口罩，工作期间按照企业要求佩戴相应口罩，做好防护。

6）实习学生要严格遵守企业进出管理规定，尽量减少外出，做到工作、生活空间相对固定，避免到人群聚集尤其是空气流动性差的场所，在公共场所保持社交距离。

7）实习生需做好个人卫生措施。餐前、便前便后、接触垃圾、工作外出归来、接触动物后、接触眼睛等"易感"部位之前、接触污染物品之后，均要洗手。洗手时应当采用洗手液或肥皂，在流动水下按照正确洗手法彻底洗净双手，也可使用速干手消毒剂揉搓双手。宿舍定期清洁。被褥及个人衣物要定期晾晒、定期洗涤。实习指导老师需不定期检查实习生宿舍卫生，并督促整改。

7.7.5   应急预案

发现实习学生、实习指导老师出现各种与新冠肺炎疫情相关的感染症状如发热、干咳时，应立即将其转至企业诊所或隔离观察室等待，并向企业疫情报告人报告，通知学生家长或教职员工家属，做好记录。及时联系医院发热门诊，实习指导老师或企业新冠肺炎疫情防控指导员陪同实习学生、实习指导老师就医。具体流程如下。

（1）立即报告：第一发现人要立即报告企业疫情报告人，疫情报告人报告给企业疫情领导组，启动企业响应，视情况在属地疾控机构指导下妥善处置。

（2）立即就诊：联系企业指派专人、专车护送其至就近的发热门诊就诊。

（3）密切接触者隔离观察：按照属地疫情防控指挥部的统一要求，规范转运至集中隔离点，进行隔离医学观察。

（4）心理支持：充分发挥实习指导老师和企业心理咨询的作用，给予实习生心理关怀。

（5）后期实习生复工情况，实习学生和实习指导老师病愈或隔离期满后，须根据实习具体进展情况，补充相应实习工作量。

实习指导老师作为学生实习工作第一责任人，要高度重视疫情防控期间学生实习管理工作，严格落实本方案要求，确保各项工作按照要求落实到位，管理到位，坚决杜绝出现"管理盲区"，共同做好防疫工作。

8 实习考核与效果评价

8.1 实习成绩构成

　　根据采矿工程生产实习内容，实习成绩由以下部分构成：实习日志与实习报告 60%，专题研讨 10%，实习答辩 15%，德育与平时表现 15%。其中，实习日志与实习报告包括露天开采、地下开采的实习日志、一般报告、专题报告以及虚拟仿真部分。各部分成绩构成见表 8-1，根据表 8-1 计算得到的百分制得分，再按表 8-2 转换成五分制得分。

表 8-1　采矿工程生产实习成绩构成比例

序号	教学内容	分值
1	实习日志与实习报告	60
1.1	露天开采	25
1.2	地下开采	25
1.3	虚拟仿真	10
2	专题研讨	10
3	实习答辩	15
4	德育与平时表现	15
5	合计	100

表 8-2　采矿工程生产实习成绩转换标准

百分制成绩	$90 \leqslant R < 100$	$80 \leqslant R < 90$	$70 \leqslant R < 80$	$60 \leqslant R < 70$	$R < 60$
五分制成绩	优	良	中	及格	不及格

8.2　实习日志与实习报告

实习日志与实习报告占实习总成绩的 60%，其中金属矿床露天开采、地下开采的实习日志与实习报告各占 25%，虚拟仿真实验报告占 10%。

8.2.1　总体要求

编写生产实习日志和实习报告是记录实习过程、系统总结提高学生对矿山生产的认识和培养学生分析和解决问题能力的一个重要环节，是评定学生实习成绩的主要依据，每个学生必须独立完成实习报告。金属矿床露天开采、地下开采的实习报告包括一般部分与专题部分。实习日志与实习报告的撰写过程应注意下列要求：

（1）实习报告内容提纲仅供参考使用。可以按照自己的理解和实际情况适当增添或删减发挥，但主要内容体系应该完整统一。

（2）要求从专业的角度和语言进行记录、认识、分析问题，语句精练、条理清晰。

（3）要求按自己的逻辑思路和语言进行组织材料，切忌大段抄袭资料。

（4）要求每位同学独立思考、完成报告内容的写作，不能与其他人有明显的雷同。

（5）撰写篇幅字数请参照报告设计的格式页数。若所留页面不足，个人也可根据实际需要撰写在背面或粘贴插入纸张，但应整齐、美观。

（6）其他。实习日志、报告要求书写端正、字迹清楚；手工画图可以画示意图，但应尽量标注准确、完整。

8.2.2　露天开采实习报告提纲

金属矿床露天开采实习报告一般部分参考提纲如下：

（1）矿床开采技术条件。

1）矿体产状，储量，品位，金属量，延伸深度，厚度。

2）开采历史沿革新，开采现状，生产规模，运营模式。

3）金、铜矿物理力学性质。包括密度、自然安息角、碎胀系数、强度等。

（2）露天矿总平布置。描述露天坑、露天采矿厂、各金矿选厂、各铜矿选厂、炸药库、排土场、尾矿库的位置及其布设原则。

（3）露天矿开拓运输系统。

1）组成开拓系统的井巷工程描述，包括平硐、溜井。

2）运输方式，距离。

3）金、铜选矿厂。

4）金、铜矿石在开拓系统中的运输体系。

5）露天采矿厂外部运输。

6）露天坑主干运输线路、辅助运输线路、临时线路的布设原则。

7）清扫平台、安全平台、运输平台布置。

8）运输道路参数，道路挡土墙规格。

9）露天矿铲装设备、运输设备，及其对应的铲装、运输效率。

（4）露天矿穿爆工艺。

1）露天矿主要爆破方式。

2）不同爆破方式对应的凿岩参数、装药结构参数、爆破网络参数。

3）爆破施工组织方式、方法。

4）露天矿安全警戒距离确定方法。

5）露天矿使用的爆破器材、凿岩设备及对应的工班效率。

（5）露天坑防洪排水系统。

1）防洪沟布设数量和布设原则。

2）泄水井位置描述。

3）露天坑防洪排水线路。

4）防洪排水沟参数。

（6）露天矿排土工艺。

1）排土场设计要素，排土场道路、道路挡墙规格。

2）排土场防水维护。

3）排土场容量。

4）排土场运输、调度。

5）排土场土地复垦。

（7）露天矿高陡边坡维护。

1）工作帮坡角、坡面角、最终边坡角的选取原则。

2）露天矿边坡稳定性影响因素。

3）露天矿边坡治理、加固方法。

（8）个人实习心得体会。

（9）对露采某个专题进行较深入的分析研究。

8.2.3　地下开采实习报告提纲

金属矿床地下开采实习报告一般部分参考提纲如下。

（1）矿区概况：包括所属关系、地理位置、气候特征、周边经济与物资供应条件、开发简史、技术经济指标等。

（2）矿区地质：包括井田地形，地质构造，水文地质特征等；矿体埋藏条件，围岩性质等；勘探工作和储量介绍等。

（3）矿床开拓：包括矿井年产量及服务年限，主要开拓巷道布置及巷道断面尺寸，矿石提升、运输系统、矿井通风方式，矿井排水系统等。

（4）井巷施工组织：包括概述介绍施工组织设计、掘进面爆破设计等。

（5）采矿方法。

1）矿体开采的技术条件及采矿方法选择的主要依据；

2）矿块布置方式及其依据；

3）矿块构成要素；

4）矿块采准工作；

5）矿块切割工作；

6）矿房回采工作；

7）矿柱回采工作：矿柱回采方法，所用设备，炮孔布置方式；

8）采空区处理方法；

9）矿房回采和矿柱回采的主要技术经济指标。

（6）生产实习收获和体会。

（7）对实习中的某个地采专题问题进行较深入的分析。

8.2.4　虚拟仿真实验报告

从实验操作、实验报告等维度考查学生是否熟练掌握实验，达到实验目的要求，有具体考核方法，从而对学生进行评价。

（1）实验操作技能（占80%）。包括：正确使用仿真实验系统，掌握实验步骤。

（2）理论知识水平（占20%）。包括：实验报告是否完整、数据分析处理是否正确、实验结果分析、讨论及思考题解答等。

8.3 专题研讨

专题研讨即以实习小组为单位，针对露天开采、地下开采某个专题进行专项研究，并提出相关专题的合理化建议。专题研讨可以涵盖开拓、总图、采矿工艺、凿岩、爆破、出矿、运输、充填、安全、环保、技术经济等专题，每个实习小组通过 PPT、CAD 等形式介绍自身的认识，有针对性地加深对某一工艺环节、系统的理解。专题研讨成绩占比 10%，为加强团队合作与专业问题沟通，每个实习小组成员得分一致。

金属矿床露天开采专题研讨部分选题参考如下：

（1）露天矿开拓系统优化；

（2）露天矿陡帮开采工艺研究；

（3）露天矿运输道路优化途径和方法；

（4）露天矿境界优化计算方法研究；

（5）露天台阶深孔爆破孔网参数优化；

（6）露天台阶深孔爆破装药结构参数优化；

（7）露天台阶深孔爆破延期时间计算优化；

（8）露天矿高陡边坡稳定性分析与设计优化；

（9）露天开采设计优化理论的研究进展；

（10）露天矿运输调度优化计算方法；

（11）露天矿分期开采优化方法研究；

（12）露天矿配矿优化方法研究；

（13）露天矿排土场水土流失评价方法；

（14）露天矿最终边坡角优化设计；

（15）露天矿生产剥采比的优化。

金属矿床地下开采专题研讨部分选题参考如下：

（1）分析矿山现用采矿方法的合理性，存在的主要问题及解决问题的途径。

（2）对实习矿山选用的采矿方法结构，采准巷道布置，构成要素，底部结构进行分析，提出合理性建议。

（3）分析落矿方法及落矿参数的合理性，产生大块的原因，减少大块率的措施，提出提高落矿质量的途径。

（4）分析造成矿石损失和贫化的原因及降低矿石损失贫化的途径。

（5）分析影响凿岩效率、出矿效率的因素及提高凿岩效率，出矿效率的措施。

（6）简述实习矿山采场地压管理方法，存在哪些问题，并提出改进方法。

（7）其他专题。通风、运输提升、充填等自己感兴趣的相关领域某些问题进行专题分析。

在生产实习、专题研讨、实习报告的基础上，鼓励聚集指导教师与学生智力资源，鼓励学生提炼自身感兴趣的知识点及研究方向，充分展示学生天赋特长，将专题研讨成果应用在本科生科研训练计划（SRTP）、各级创新创业训练计划、全国高等学校采矿工程专业学生实践作品大赛等科研活动上来，争取在生产实习的基础上衍生出更多的科技成果。

8.4   实习答辩

每位学生在生产实习末期均需以 PPT 汇报形式进行公开答辩，实习答辩分为个人陈述及答辩两部分，时间 5~6min；生产实习答辩成绩占比 15%。

个人陈述内容包括个人对矿山的整体认识，对露天开采、地下开采及虚拟仿真的工艺、系统、方案的理解，对某个开采专题的合理化建议，以及实习感悟、实习不足、下一步计划等。答辩阶段，由 4 名实习指导教师及至少 1 名工程型教师组成评审委员会，针对学生的汇报情况进行质疑与提问，学生进行释疑及补充说明。5 位评审委员的平均成绩即为学生实习答辩成绩。

8.5   实习评优办法

根据实习成绩分值构成表计算得到五分制的实习成绩后，由实习指导教师校核学生的实习日志、实习报告、专题研讨、实习答辩、考勤等情况，尤其关注实习期间的德育表现及团队合作情况，综合评定实习成绩优秀、良好、中等、及格、不及格等级，其中优秀比例不超过 20%。成绩评定时同时考虑以下具体标准：

（1）优秀。完成《采矿工程生产实习指导书》的全部要求，实习过程中积极主动，虚心好学，严格要求自己，服从校内外实习指导教师的领导和安排，遵守实习的各项规章制度；实习报告内容全面、系统，并能运用所学理论知识对某些实际问题加以分析（专题），答辩成绩突出。

（2）良好。完成《采矿工程生产实习指导书》的全部要求，实习态度认真，遵守实习的规章制度；实习报告内容较全面、系统；对专业理论知识的应用有一定的见解和分析，答辩成绩较好。

（3）中等。达到《采矿工程生产实习指导书》的要求，实习态度较认真；实习报告内容较全面，但对专业理论知识应用理解和分析较少，答辩成绩一般。

（4）及格。基本达到《采矿工程生产实习指导书》中规定的基本要求，实习期间表现一般；能够完成实习报告，内容基本正确，但不完整、不系统；缺乏对专业理论知识应用的理解和分析，答辩成绩一般。

（5）不及格。凡有下列情况之一者以不及格论：

1）未达到《采矿工程生产实习指导书》规定的基本要求或实习考核要求；

2）不交实习报告或实习报告有明显缺失、错误；

3）实习缺席累计达三分之一及以上；

4）实习中严重违反纪律。

8.6 合理性确认与达成度评价

作为一门实践类课程，采矿工程生产实习需根据中国工程教育专业认证通用标准及矿业类专业补充标准进行有效的课程质量评价。生产实习合理性确认与达成度评价是质量监控的核心，也是毕业要求达成情况评价的依据。面向产生出的课程质量评价聚焦学生的学习成效，课程内容、教学方法和考核方式必须与该课程支撑的毕业要求相匹配。

合理性确认与达成度评价目的是客观判定课程与毕业要求指标点相关的课程目标的达成情况。通过评价的结果改进课程质量，改进教学方法，实现课程目标，有效支撑毕业要求。

采矿工程生产实习支撑但不限于如下毕业要求：

（1）支撑毕业要求7。工程与社会：能够基于矿业工程相关背景知识进行合理分析，评价采矿专业工程实践和复杂工程问题解决方案对社会、健康、安全、法律以及文化的影响，并理解应承担的社会责任。其中的分解指标点7.1了解采矿工程领域相关的生产工艺、流程、企业管理规定、法律法规、技术规范、标准体系和产业政策，理解不同社会文化对工程活动的影响（权重0.3）。

（2）支撑毕业要求9。职业规范：具有人文社会科学素养、社会责任感，能够在工程实践中理解并遵守工程职业道德和规范，履行责任。其中的分解指标点9.2理解工程伦理的核心理念，能在工程实践中自觉遵守职业道德和规范，履行责任（权重0.3）。

（3）支撑毕业要求10。个人和团队：具有一定的组织管理能力，拥有良好的心理、身体素质和交流能力，具有在矿业领域、岩土领域多学科背景下团队合作精神和执行能力。其中的分解指标点10.1理解个人与团队的关系，能够在多学科背景下的团队中承担个体、团队成员以及负责人的角色，能独立完成个人分工职责，并与他人共享信息、合作共事，具有良好的团队合作精神（权重0.2）。

（4）支撑毕业要求11。沟通：能够就复杂工程问题与矿业界同行及社会公众进行有效沟通和交流，具备撰写报告材料、陈述发言、清晰表达的能力。具有全球化视野及良好的外语基础，能够在跨文化背景下进行沟通和交流。其中的分解指标点11.1能就采矿工程专业问题以口头、文稿、图表等方式，准确表达自己的观点，回应质疑，具备与业界同行及社会公众进行有效沟通和交流的能力（权重0.3）。

综上，采矿工程生产实习课程合理性确认的主要项目、确认的内容见表8-3，达成度评价情况见表8-4。

表8-3　采矿工程生产实习课程合理性确认

课程支撑的指标点		确认课程对应的课程教学目标	达成途径				评价依据			
			实习表现	日常作业	出勤率	答辩	实习报告	专题研讨	实习日志	考勤记录	答辩成绩	实习报告
7.1	了解采矿工程领域相关的生产工艺、流程、企业管理规定、法律法规、技术规范、标准体系和产业政策，理解不同社会文化对工程活动的影响	巩固前期已学的专业理论知识，了解矿山管理系统、管理方法与矿业法律法规，熟悉金属矿山地下开采和露天开采中先进的工艺系统、采矿工艺、技术装备、安全环保、技术经济等知识	√				√	√		√

课程支撑的指标点		确认课程对应的课程教学目标	达成途径					评价依据				
			实习表现	日常作业	出勤率	答辩	实习报告	专题研讨	实习日志	考勤记录	答辩成绩	实习报告
9.2	理解工程伦理的核心理念，能在工程实践中自觉遵守职业道德和规范，履行责任	树立艰苦行业扎根一线、奉献矿业的价值观，提升学生的专业素养和社会责任感，为我国社会主义建设和中国共产党的治国理政培养优秀的矿业人才	√	√							√	
10.1	理解个人与团队的关系，能够在多学科背景下的团队中承担个体、团队成员以及负责人的角色，能独立完成个人分工职责，并与他人共享信息、合作共事，具有良好的团队合作精神	充分认识矿业在国民经济中的重要地位，切身感受矿山的工作环境及工艺特点，培养学生吃苦耐劳、爱岗敬业、实事求是、团队协作、实践创新的工作精神	√	√	√				√		√	
11.1	能就采矿工程专业问题以口头，文稿，图表等方式，准确表达自己的观点，回应质疑，具备与业界同行及社会公众进行有效沟通和交流的能力	掌握阅读采矿工程图纸、设计开拓工程与采矿方法流程、布置采矿各工序环节、撰写与分析技术报告等能力，培养观察分析问题和解决复杂工程问题的能力				√	√	√	√		√	

学生成绩分布	$A \geqslant 90$（优秀）	$80 \leqslant A < 90$（良好）	$70 \leqslant A < 80$（中）	$60 \leqslant A < 70$（及格）	$A < 60$（不及格）

试题难易程度	适当□；较难□；较易□	成绩分布合理性	合理□	不合理□

课程评价依据的合理性确认	合理：□；不合理：□

确认人：　　　　　　　　　　　　　　　　　　　　　　确认时间：

表8-4 采矿工程生产实习达成度评价

年级			所修该课程总人数		样本数	

考试试题对毕业要求和课程教学目标的支撑情况

毕业要求指标点	课程教学目标	评价依据	分值（A）	平均成绩（B）	评价值 $C=\dfrac{\sum B}{\sum A}$
7.1 了解采矿工程领域相关的生产工艺、流程、企业管理规定、法律法规、技术规范、标准体系和产业政策，理解不同社会文化对工程活动的影响	巩固前期已学的专业理论知识，了解矿山管理系统、管理方法与矿业法律法规，熟悉金属矿山地下开采和露天开采中先进的工艺系统、采矿工艺、技术装备、安全环保、技术经济等知识	实习报告	35	1	
		实习日志	25		
9.2 理解工程伦理的核心理念，能在工程实践中自觉遵守职业道德和规范，履行责任	树立艰苦行业扎根一线、奉献矿业的价值观，提升学生的专业素养和社会责任感，为我国社会主义建设和中国共产党的治国理政培养优秀的矿业人才	德育表现	5		
		考勤纪律	10		
10.1 理解个人与团队的关系，能够在多学科背景下的团队中承担个体、团队成员以及负责人的角色，能独立完成个人分工职责，并与他人共享信息、合作共事，具有良好的团队合作精神	充分认识矿业在国民经济中的重要地位，切身感受矿山的工作环境及工艺特点，培养学生吃苦耐劳、爱岗敬业、实事求是、团队协作、实践创新的工作精神	专题研讨	10		

毕业要求指标点	课程教学目标	评价依据	分值（A）	平均成绩（B）	评价值 $C=\dfrac{\sum B}{\sum A}$
11.1 能就采矿工程专业问题以口头、文稿、图表等方式，准确表达自己的观点，回应质疑，具备与业界同行及社会公众进行有效沟通和交流的能力	掌握阅读采矿工程图纸、设计开拓工程与采矿方法流程、布置采矿各工序环节、撰写与分析技术报告等能力，培养观察分析问题和解决复杂工程问题的能力	实习答辩	15		
考核成绩判定方式					
样本信息					
达成值	$D=(C_1+C_2+C_3+\cdots+C_n)/n\times100$				
教学目标达成结论	□达成 $D\geqslant70$；　　　　□未达成 $D<70$				
问题分析及课程改进建议					

评价人：　　　　　　　　　　　　　　　　评价时间：

审核人：　　　　　　　　　　　　　　　　审核时间：

附　　录

附录1　福州大学采矿工程专业培养方案（2022版）

一、学制和授予学位

1. 标准学制：四年。
2. 授予学位：工学学士学位。

二、培养目标

培养热爱祖国，拥护中国共产党，热爱矿业事业，适应社会和矿业发展需要，基础理论扎实，实践动手能力强，具有艰苦奋斗与善于合作的精神、广阔的国际视野以及自主学习的能力，信守职业和道德责任，在非煤固体矿床开采及相关领域从事工程设计、建设生产、施工管理、应用研究与技术开发的矿业类高级工程技术人才。通过5年实际工作的锻炼和发展，期望成长为生产岗位的工程师与技术主管，工程设计与管理岗位以及科研岗位上的骨干。

三、毕业要求

1. 品德修养：1.1具有坚定正确的政治方向、良好的思想品德和健全的人格，热爱祖国，热爱人民，拥护中国共产党的领导；1.2具有正确的世界观、人生观、价值观；1.3具有科学精神、人文修养、职业素养、社会责任感和积极向上的人生态度，了解世情、国情、党情、民情，践行社会主义核心价值观。

2. 工程知识：具备运用数学、自然科学、工程基础和专业知识用于解决矿业领域复杂工程问题的能力：2.1能够运用数学、自然科学、工程基础和专业知识表述采矿工程问题；2.2能针对具体的采矿过程或系统，建立合适的原理方程或数学模型，并利用相应的边界条件求解；2.3能够运用工程科学原理及数学模型方法分析和判别采矿工程问题；2.4能够运用工程科学原理和专业知识通过对比与综合，优化采矿工程方案的设计及施工等采矿生产中的复杂工程问题。

3. 问题分析：能够应用数学、自然科学和工程科学的基本原理，识别、表达，并通过文献研究分析矿业领域复杂工程问题，获得有效的研究结论：3.1 能够应用数学、自然科学与工程科学的基本原理识别和判断采矿工程中的关键环节和主要参数；3.2 能够应用数学、自然科学与工程科学的基本原理分析和表达采矿工程问题的解决方案；3.3 能够应用工程科学基本原理和专业知识认识到有多种解决方案，并通过文献研究寻求可替代的解决方案；3.4 通过工程科学原理，基于文献研究结果对复杂采矿工程问题进行判别，分析影响因素，找到有效的解决方案并制定相应措施。

4. 设计/开发解决方案：掌握工程基础知识和采矿专业知识，熟悉采矿工艺流程，能够设计采矿方案，在设计中体现创新意识，综合考虑社会、健康、安全、法律、文化以及环境等因素：4.1 能够运用矿山工程设计的基本理论分析和识别采矿工程工艺流程面临的各种制约条件，设计合理的开采实施方案；4.2 能够在综合考虑社会、安全、法律、文化以及环境等因素约束条件下通过技术经济评价对开采方案进行可行性分析；4.3 能够集成单元过程进行采矿工程全过程方案设计、优选与评估，能够在设计复杂采矿工程问题解决方案时体现创新意识。

5. 研究：能够基于科学原理并采用科学方法对矿业领域复杂工程问题进行研究，具备实施采矿工程实验的能力，包括设计实验、对实验结果进行科学分析，得到合理的结论：5.1 能够基于科学原理，通过文献研究，根据采矿技术条件确定矿山开拓、采矿方法、矿山建设等采矿工程问题解决方案；5.2 能够基于科学方法，制定采矿工程相关物理、化学等参数测定实验方案；5.3 能根据实验方案构建实验系统，安全地开展实验，正确采集数据；5.4 能对实验结果进行建模、分析和解释，通过信息综合处理得到合理有效的结论。

6. 使用现代工具：能够针对实际采矿工程问题，开发、选择与使用恰当的技术、资源、现代工程工具和信息技术工具，对矿业领域复杂工程问题进行预测与模拟，并理解其局限性：6.1 了解采矿工程常用的测试仪器和工程工具，评价所使用的专门仪器与装备，能够针对复杂采矿工程问题而选择恰当的测试仪器和工程工具；6.2 掌握计算机的基本程序设计、绘图软件、矿山设计等相关软件操作，能够应用于采矿工程设计；6.3 能够针对具体的采矿工程对象，开发或选用合适的分析、模拟与仿真工具，对复杂采矿工程问题进行模拟，运用模拟结果对工程问题做出合理的预测，并理解这些方法的局限性。

7. 工程与社会：能够基于矿业工程相关背景知识进行合理分析，评价采矿专业工程实践和复杂工程问题解决方案对社会、健康、安全、法律以及文化的影响，并理解应承担的社会责任：7.1 了解采矿工程领域相关的生产工艺、流程、企业管理规定、法律法规、技术规范、标准体系和产业政策，理解不同社会文化对工程活动的影响；7.2 能够分析评价采矿工程项目与社会、健康、安全、法律及不同社会文化之间的相互影响与制约，采矿设计时能充分考虑减少环境污染的措施，理解应承担的社会责任。

8. 环境和可持续发展：能够理解和评价针对复杂问题的采矿专业工程实践对环境、社会可持续发展的影响：8.1 理解环境保护与社会可持续发展的内涵和意义，熟悉环境保护的相关法律法规；8.2 能针对具体采矿工程项目，考虑其资源利用效率、污染物处置方案对周边社会可持续发展的影响，评价采矿寿命周期中可能对人类与环境造成的损害和隐患。

9. 职业规范：具有人文社会科学素养、社会责任感，能够在工程实践中理解并遵守工程职业道德和规范，履行责任：9.1 具有正确的世界观、人生观、价值观，理解个人与历史、社会、自然的关系，具备人文社会科学素养和国情意识。9.2 理解诚实公正、诚信守则的职业道德和规范，并能在工程实践中自觉遵守；9.3 理解工程伦理的核心理念，能在工程实践中自觉遵守职业道德和规范，履行责任。

10. 个人和团队：具有一定的组织管理能力，拥有良好的心理、身体素质和交流能力，具有在矿业领域、岩土领域多学科背景下团队合作精神和执行能力：10.1 理解个人与团队的关系，能够在多学科背景下的团队中承担个体、团队成员以及负责人的角色，能独立完成个人分工职责，并与他人共享信息、合作共事，具有良好的团队合作精神；10.2 在工程实践和团队活动中，能组织、协调与指挥团队开展工作。

11. 沟通：能够就复杂工程问题与矿业界同行及社会公众进行有效沟通和交流，具备撰写报告材料、陈述发言、清晰表达的能力。具有全球化视野及良好的外语基础，能够在跨文化背景下进行沟通和交流：11.1 能就采矿工程专业问题以口头，文稿，图表等方式，准确表达自己的观点，回应质疑，具备与业界同行及社会公众进行有效沟通和交流的能力；11.2 了解采矿工程专业及相关领域的国际发展状况，能够就专业问题在跨文化背景下进行沟通和交流。

12. 项目管理：理解并掌握工程管理原理与矿业项目投资决策方法，并能在矿业领域、岩土领域多学科应用：12.1 熟悉工程项目管理的原理，能够按照采矿工程项目特点进行过程管理和多任务协调时间进度控制；12.2 能够按照安全可靠、技术先进、经济合理的经济决策方法进行工程项目的成本分析和经济决策。

13. 终身学习：能够不断地适应国内外矿产资源开发利用形势发展的需要，具有终身学习和适应发展的能力：13.1 具有自我探索和终身学习的意识，积极进取的学习态度，掌握必要的自主学习方法；13.2 具有批判性思维，能理性分析、判断、归纳和提出问题；13.3 能够跟踪和识别采矿学科领域新知识、新技术，具备不断学习和适应社会进步发展的能力。

四、核心课程

矿山地质学、岩体力学、凿岩爆破、金属矿床露天开采、金属矿床地下开采、井巷设计与施工、矿井通风与安全、采掘机械及智能化、充填理论与技术、安全规程与环保、矿业系统工程。

五、毕业最低学分

课程类别			学分数	学时数				各模块学分占总学分百分比/%
				总学时	其中			
					课内实验	课内上机	独立设课实验（上机）	
课堂教学	必修课程	通识教育必修课	34	660	0	24	0	20.4
		学科基础必修课	50.5	808	28	0	0	30.2
		专业必修课	28	448	46	10	0	16.8
	选修课程	通识教育选修课	6	96	—	—	0	3.6
		专业选修课	4.5	72	0	0	0	2.7
		创新创业实践与素质拓展课	2	32	—	—	0	1.2
		跨学科课程	8	128	0	0	0	4.8
	小计		133	2244	74	34	0	79.6

续表

课程类别	学分数	学时数				各模块学分占总学分百分比/%
		总学时	其中			
			课内实验	课内上机	独立设课实验（上机）	
集中性实践环节	34	—	0	0	84	20.4
合计	167	—	74	34	84	100

六、课程设置，各教学环节安排

（一）必修课

1. 通识教育必修课

开课单位	中文课程名称	英文课程名称	学分数	学时数			周学时	考核方式	开设学期
				总学时	其中				
					实验	上机			
马院	思想道德与法治	Value，Morality and Rule of Law	2	32			2	1	1/2
马院	中国近现代史纲要	The Outline of Chinese Modern and Contemporary History	3	48			3	1	1/2
马院	马克思主义基本原理	The Basic Principles of Marxism	3	48			3	1	3/4
马院	毛泽东思想和中国特色社会主义理论体系概论（上）	The Conspectus of Mao Zedong Thought and the System of Theories of Socialism with Chinese Characteristics（Part 1）	2	32			2	1	3
马院	毛泽东思想和中国特色社会主义理论体系概论（下）	The Conspectus of Mao Zedong Thought and the System of Theories of Socialism with Chinese Characteristics（Part 2）	2	32			2	1	4

续表

开课单位	中文课程名称	英文课程名称	学分数	学时数			周学时	考核方式	开设学期
				总学时	其中				
					实验	上机			
马院	形势与政策（一）	Situation and Policy（1）	2	8				2	1
	形势与政策（二）	Situation and Policy（2）		8				2	2
	形势与政策（三）	Situation and Policy（3）		8				2	3
	形势与政策（四）	Situation and Policy（4）		8				2	4
	形势与政策（五）	Situation and Policy（5）		8				2	5
	形势与政策（六）	Situation and Policy（6）		8				2	6
	形势与政策（七）	Situation and Policy（7）		8				2	7
	形势与政策（八）	Situation and Policy（8）		8				2	8
外语	大学英语（二）	College English（2）	2	32			2	1	1
外语	大学英语（三）	College English（3）	2	32			2	1	2
外语	大学英语（四）	College English（4）	2	32			2	1	3
外语	英语专题课	English for Specific Purposes	2	32			2	1/2	3/4
计数	Python	Python	3	48		24	4	1	2
体育	体育（一）	Physical Education（1）	1	36			2	2	1
体育	体育（二）	Physical Education（2）	1	36			2	2	2
体育	体育（三）	Physical Education（3）	1	36			2	2	3
体育	体育（四）	Physical Education（4）	1	36			2	2	4

续表

开课单位	中文课程名称	英文课程名称	学分数	学时数 总学时	其中 实验	其中 上机	周学时	考核方式	开设学期
军事	军事理论	Militar Theory Curriculum	2	36			2	2	1
学生处	大学生就业与创业指导	The Employment and Entrepreneurship Guidance for College Students	0.5	8			2	2	6
学生处	大学生职业生涯规划	Career Planning and Management of College Students	0.5	8			2	2	1
人文	大学生心理健康教育	Mental Health Education for College Students	1	16			2	1	1
人文	大学应用写作	College Practical Writing	1	16			2	2	5/6
小计			34	660		24			

注：考核方式，1 表示考试，2 表示考查，下同。

2. 学科基础必修课

开课单位	中文课程名称	英文课程名称	学分数	学时数 总学时	其中 实验	其中 上机	周学时	考核方式	开设学期
地矿	矿业工程学科导论	Introduction to Mineral Engineering	1	16			2	2	1
数计	高等数学 B（上）	Higher Mathematics B（Part 1）	5	80			5	1	1
数计	高等数学 B（下）	Higher Mathematics B（Part 2）	5	80			5	1	2
数计	概率论与数理统计	Probability and Statistics	3	48			6	1	3
数计	线性代数	Linear Algebra	2	32			5	1	3
物信	大学物理 A（上）	University Physics A（Part 1）	3	48			3	1	2

续表

开课单位	中文课程名称	英文课程名称	学分数	学时数			周学时	考核方式	开设学期
				总学时	其中				
					实验	上机			
物信	大学物理A（下）	University Physics A（Part 2）	3.5	56			4	1	3
化学	普通化学B	General Chemistry B	2.5	40			4	1	2
机械	工程制图F	Engineering Drawing F	3	48			4	1	2
机械	理论力学B	Theoretical Mechanics B	3	48			3	1	3
机械	材料力学B	Material Mechanics B	3	48	6		3	1	4
电气	电工学B	Electrical Engineering B	3	48			3	1	3
土木	测量学B	Surveying B	2	32	8		2	1	2
地矿	矿山地质学	Mining Geology	2	32	8		4	1	3
地矿	弹性力学基础	Foundation of Theory of Elasticity	2	32			4	1	4
地矿	岩体力学A	Rock Mechanics A	3	48	6		4	1	5
地矿	流体力学	Engineering Fluid Mechanics	2	32			4	1	4
地矿	矿业系统工程	System Engineering of Mining	2.5	40			6	1	6
	小计		50.5	808	28				

3. 专业必修课，应修满各方向公共必修课和其中一个方向的所有课程共计28学分

（1）各方向公共必修课。

开课单位	中文课程名称	英文课程名称	学分数	学时数			周学时	考核方式	开设学期
				总学时	其中				
					实验	上机			
地矿	金属矿床地下开采	Underground Mining of Metallic Deposit	3	48	8		6	1	5

续表

开课单位	中文课程名称	英文课程名称	学分数	学时数			周学时	考核方式	开设学期
				总学时	其中				
					实验	上机			
地矿	井巷设计与施工	Design and Construction of Mine Shaft and Drift	2.5	40			4	1	5
地矿	凿岩爆破	Drilling and Blasting	3	48	6	10	4	1	4
地矿	矿井通风	Mine Ventilation	2.5	40	8		4	1	6
地矿	金属矿床露天开采	Surface Mining of Metallic Deposit	2	32			4	1	5
校企	矿山安全规程与环保	Mining Safety Rule and Environmental Protection	2	32			4	1	6
校企	采掘机械及智能化	Mining Machinery and Its Intelligentialize	2	32	4		4	1	6
地矿	充填理论与技术	Backfilling Theory and Technology	2	32	4		4	1	7
地矿	数字矿山技术	Digital Mine Technology	2	32	16		4	2	4
校企	专家系列讲座	Expert Series Lectures	1	16			2	2	6
	小计		22	352	46	10			

（2）方向一：采矿及地下空间工程。

开课单位	中文课程名称	英文课程名称	学分数	学时数			周学时	考核方式	开设学期
				总学时	其中				
					实验	上机			
地矿	地下结构设计与施工	Design and Construction of Underground Structure	2	32			4	1	7
地矿	矿山压力与控制	Ground Pressure and Strata Control	2	32	4		4	1	7

续表

开课单位	中文课程名称	英文课程名称	学分数	学时数			周学时	考核方式	开设学期
				总学时	其中				
					实验	上机			
地矿	矿井运输与提升	Mine Transportation and Mine Hoister	2	32	4		4	1	6
	小计		6	96	8				

（3）方向二：智能采矿工程。

开课单位	中文课程名称	英文课程名称	学分数	学时数			周学时	考核方式	开设学期
				总学时	其中				
					实验	上机			
矿业	监测监控技术	Monitoring and Control Technology	2	32	16		4	1	6
矿业	矿山信息管理技术	Mine Information Management Technology	2	32	16		4	2	7
矿业	智能采矿技术	Technology of Intelligent Mine	2	32			4	2	7
	小计		6	96	32				

（二）选修课

1. 专业选修课，应修 4.5 学分

开课单位	中文课程名称	英文课程名称	学分数	学时数			周学时	考核方式	开设学期
				总学时	其中				
					实验	上机			
矿业	矿山规划与设计	Mining Design	2	32			4	1	7
矿业	矿业经济学	Economics of the Mineral Industries	2	32			4	1	5
矿业	采矿专业英语与文献检索	Mining English and Information Retrieval	3	48			4	1	6

续表

开课单位	中文课程名称	英文课程名称	学分数	学时数			周学时	考核方式	开设学期
				总学时	其中				
					实验	上机			
矿业	特殊采矿技术	Special Mining Technology	1.5	24			4	1	7
矿业	边坡工程	Slope Engineering	2	32			4	1	6
矿业	工程 CAD	Engineering CAD	2	32		16	2	1	1

2. 通识教育选修课，应修 6 学分

学生在校期间应修满 6 学分的通识教育选修课，其中自然科学与工程技术类 2 学分、人文社会科学类 2 学分、文学与艺术类 2 学分（必须选修）。

3. 个性培养课程，应修 10 学分

（1）创新创业实践与素质拓展课，应修 2 学分。

学生在校期间应最少修满 2 学分的创新创业实践与素质拓展课，有以下 2 种渠道获得相应学分：1）学生可按照《福州大学本科生创新创业实践与素质拓展学分认定管理实施办法》中的有关规定获得学分；2）学生修读由专业专门开设的创新创业类实践课。

（2）跨学科课程至少 8 学分。

开课单位	中文课程名称	英文课程名称	学分数	学时数	周学时	考核方式	开设学期
创新创业实践与素质拓展课，应修 2 学分							
地矿	采矿专业学科竞赛训练	Mining Academic Competition Training	1	16	4	2	5
地矿	科研实践与创新设计	Research Practice and Creative Design	1	16	4	2	6
地矿	采矿数字模型创新训练	Creative Training of Mining Digital Model	1	16	4	2	7

续表

开课单位	中文课程名称	英文课程名称	学分数	学时数	周学时	考核方式	开设学期
		跨学科课程，应修8学分					
地矿	地矿学科发展概论	Introduction to Geology and Mining	2	32	4	2	5
地矿	黄金提取	Gold Recovery	1	16	2	2	5
地矿	矿业工程项目管理	Mining Engineering Project Management	1	16	4	2	6
地矿	绿色矿山技术	Green Mining Technology	1	16	4	2	6
地矿	控制爆破	Control Blasting	1.5	24	4	2	7
地矿	地下工程结构力学	Structure Mechanics of Underground Engineering	1.5	24	4	2	7
地矿	矿物加工工程概论	Recycling of Mine Resources	1.5	24	4	2	7
地矿	地质灾害防治技术	Geological Disaster Prevention and Control Technology	1.5	24	2	2	7

（三）集中性实践环节

开课单位	中文课程名称	英文课程名称	学分数	学时数	周学时	考核方式	开设学期
马院	思想政治实践课	A Practical Course of Ideology and Politics	2	2		2	4
军事	军事技能	Military Skill	2	2		2	1
物信	大学物理实验A（上）	Experiments of University Physics（A）（Part 1）	1.5		36	2	2
物信	大学物理实验A（下）	Experiments of University Physics（A）（Part 2）	1		24	2	3
化学	普通化学实验B	Experiments in General Chemistry（B）	0.5		12	2	2
电气	电气工程实践	Electrical Engineering Practice	2	2		2	5
电气	电工学实验B	Experiments of Electrical Engineering（B）	0.5		12	2	3

续表

开课单位	中文课程名称	英文课程名称	学分数	学时数	周学时	考核方式	开设学期
土木	测量学实习	Surveying Practice	1	1		2	3
地矿	采矿认识实习#	Mining Cognition Practice	2	2		2	5
地矿	采矿生产实习#	Mining Specialized Practice	5	5		2	6
地矿	金属矿床地下开采课程设计	Curriculum Design of Metallic Deposit Underground Mining	1.5	1.5		2	5
地矿	金属矿床露天开采课程设计	Curriculum Design of Metal Deposit Surface Mining	1	1		2	5
地矿	井巷设计与施工课程设计	Curriculum Design of Mine Shaft and Drift	1	1		2	5
地矿	矿井通风课程设计	Curriculum Design of Mine Ventilation and Safety	1	1		2	6
地矿	毕业实习	Graduation Internship	4	4		2	8
地矿	毕业设计（论文）	Graduation Project（Thesis）	8	12		2	8
	小计		34	34.5	84		

注：加#为劳动依托课程。

学院本科教学指导委员会主任（签字）：　　　　年　　月　　日

教学院长（签字）：　　　　年　　月　　日

教学干事（签字）：　　　　年　　月　　日

附录 2　福州大学本科生实习守则

一、按照学习大纲、实习计划的要求全面完成规定的实习项目。

二、服从带队指导教师和实习单位技术人员的实习调配，遵守学校和实习单位的规章制度和劳动纪律，保守实习单位秘密，服从现场教育管理。

三、每天应将实习观察的结果收集整理，逐日写好实习日记，按时完成实习思考题和作业，写好实习报告。

四、实习期间要按时上下班，不得无故缺席。学生因故、因病不能参加实习必须持有关单位或医疗部门的证明向指导老师请假（超过三天应报请分管教学院领导批准）。

五、要确保实习安全。应严格遵守安全操作规程，注意爱护保养仪器设备，未经许可不准擅自操作仪器。在实习期间，学生因违反实习纪律和安全规程造成自身伤害由学生本人负责；造成他人伤害或国家的经济损失，由学生本人及家长承担经济和法律责任。

六、在实习过程中，要虚心学习，注意文明礼貌。维护学校集体荣誉，发扬互相友爱的精神，注意搞好实习单位与学校关系。在完成实习任务的情况下，主动协助实习单位做一些力所能及的工作。

七、实习结束后学生要按时完成实习报告并提交指导老师批阅。

八、实习成绩不及格者，必须跟下一年级同类实习课程重修，实习所需经费按学校有关规定办理。

九、本守则由福州大学教务处负责解释。

附录3　采矿工程生产实习安全责任书

实习名称		实习类别		学号	
实习周数		起止时间		指导教师	

　　实习是高校人才培养的重要组成部分，是学生进行理论联系实际，培养独立工作能力的重要实践教学环节。为进一步加强学生实习期间的安全管理工作，落实安全防范措施，确保学生有效地完成教学实习，根据《高等学校学生行为准则（试行）》《福州大学学生管理规定》《福州大学本科生实习守则》等有关文件精神，福州大学紫金地质与矿业学院与实习学生就教学实习期间的安全达成如下共识，并签订本安全责任书。

　　1. 遵守国家法律、社会公德和校纪校规，遵守实习纪律，言行不能有损大学生形象。

　　2. 遵守交通法规，注意铁路、公路交通安全。除必要的分散之外，应集体出发、集中返校，沿途不得逗留、游玩。

　　3. 遵守国家保密条例，对涉及保密的实习图件，必须保证图件资料安全。

　　4. 一切行动要服从带队教师（指导教师）的管理，听从带队教师（指导教师）的指挥；尊重实习单位的领导和指导教师。

　　5. 严格禁止擅自到非游泳区（江、河、湖、海）游泳。实习期间不得有外宿、酗酒、寻衅闹事、打架斗殴等现象，也不得在实习宿舍内留宿他人。

　　6. 严格遵守实习期间作息时间。学生每天晚上10点前要准时返回自己宿舍住宿，严禁学生未经请假夜不归宿。学生实习期间必须严格遵守请、销假制度，不得擅自离队，单独活动。

　　7. 在实习期间，学生必须提高安全防范意识，提高自我保护能力。注意自身的人身和财物安全，防止各种事故的发生。

　　8. 在宿舍内不私接、私拉电源线，不使用违规电器和无3C认证的"三无"（无工厂名称、无工厂产地、无合格证）电器产品，以及煤油炉、液化气炉、酒精炉等各违规设备。

　　9. 注意饮食安全，不到无健康证等不卫生场所购买、食用食物。

　　10. 发生突发事件或重大情况应迅速及时报告，不得拖延。

　　11. 本责任书安全责任的主体是学生本人，学生应该自觉全面遵守执行有关规定；学生家长要主动配合学生所在学院（指导老师）对子女进行安全教育；如学生违反上述规定，所造成的后果和损失（包括人身伤害事故），由学生及家长承担安全责任，学院不承担任何法律和经济责任。

　　12. 本责任书经学院盖章、学生签字后生效。有效期至学生实习结束安全返校为止。

　　13. 本协议未尽事宜，双方协商解决。

学院负责人（签字）： 　　　　　　（公章） 　　　　　　　　年　月　日	学生（签字）： 　　　　　　　　年　月　日

附录 4　生产实习日志与实习报告格式

采矿工程
生产实习日志与实习报告

专业班级：_____

姓　　名：_____

学　　号：_____

实习地点：_____

指导教师：_____

实习期间：_____年_____月_____日至_____月_____日

归档日期：_____年_____月_____日

采矿工程生产实习日志

日期：　　　　　　　　　　　　　　　　实习地点：
（本表可复制）
实习过程和学习内容：
当天实习小结：
签名：

采矿工程生产实习报告（露天开采）

日期：　　　　　　　　　　　　　　　　　实习地点：

（本表可复制）

实习主题、内容、形式与体会：

　　　　　　　　　　　　　　　　　　　　　　　签名：

采矿工程生产实习报告（地下开采）

日期：	实习地点：

（本表可复制）

实习主题、内容、形式与体会：

签名：

采矿工程生产实习报告（虚拟仿真）

日期：　　　　　　　　　　　　　　　　实习地点：

（需根据虚拟仿真系统的实验说明、步骤及方法撰写实验报告，本表可复制）

实习主题、内容、形式与体会：

签名：

采矿工程生产实习日志与实习报告评语

1. 实习日志与实习报告评语：

2. 实习日志与实习报告成绩：

评阅老师签名：

评阅日期：

附录5　生产实习小组会议记录表

会议名称	组第　次小组会议		时间		地点	
到会情况	实到会人数		小组成员			
	应到会人数					
主持人			记录人			
具体议程						
会议内容						
备注						

参 考 文 献

［1］吴爱祥，王洪江．金属矿膏体充填理论与技术［M］．北京：科学出版社，2015.

［2］楼晓明，刘青灵，刘建兴．"紫金模式"下采矿专业生产实习的教学实践改革［J］．大学教育，2017，79（1）：60-62.

［3］陈景河．紫金山铜（金）矿床成矿模式［J］．黄金，1999，20（7）：6-11.

［4］胡建华，贾明滔，温观平．露天开采工艺学［M］．长沙：中南大学出版社，2022.

［5］王运敏．现代采矿手册（中册）［M］．北京：冶金工业出版社，2012.

［6］陈霖，黄明清，唐绍辉，等．大直径深孔空场嗣后充填法采场结构参数优化及稳定性分析［J］．金属矿山，2022，557（11）：44-51.

［7］熊宏齐．基于虚拟仿真的线上线下融合专业实验教学体系构建［J］．实验技术与管理，2022，39（3）：5-10，25.

［8］国家矿山安全监察局．国家矿山安全监察局关于印发《金属非金属矿山重大事故隐患判定标准》的通知［J/OL］．北京：国家矿山安全监察局，2022. https：//www.chinamine-safety.gov.cn/zfxxgk/fdzdgknr/tzgg/202207/t20220721_418764.shtml.

［9］国家市场监督管理总局，国家标准化管理委员会．GB 16423—2020 金属非金属矿山安全规程［S］．北京：中国标准出版社，2020.

［10］钟云飞，黄新国，张珊珊，等．大学生生产实习规范与指导（印刷包装类专业用）［M］．北京：文化发展出版社，2019.